本书编委会

主　编：陈　敏　　林韬杰　　蔡昱旻
副主编：刘文兵　　吴幸雷　　邬亚男

本书出版获国家重点研发计划项目"珠三角城市群综合科技服务
平台研发与应用示范"（2018YFB1404200）资助

珠三角城市群
科技服务业发展研究

陈　敏　林韬杰　蔡昱旻◇主　编

暨南大学出版社
JINAN UNIVERSITY PRESS

中国·广州

图书在版编目（CIP）数据

珠三角城市群科技服务业发展研究/陈敏，林韬杰，蔡昱旻主编. —广州：暨南大学出版社，2023.12

ISBN 978 - 7 - 5668 - 3818 - 6

Ⅰ.①珠…　Ⅱ.①陈…　②林…　③蔡…　Ⅲ.①珠江三角洲—城市群—科技服务—关系—产业发展—研究　Ⅳ.①F127.65　②G322.765

中国国家版本馆 CIP 数据核字（2023）231365 号

珠三角城市群科技服务业发展研究
ZHUSANJIAO CHENGSHIQUN KEJI FUWUYE FAZHAN YANJIU
主　编：陈　敏　林韬杰　蔡昱旻

· ·

出 版 人：阳　翼
统　　筹：黄文科
责任编辑：高　婷　张馨予
责任校对：刘舜怡　黄晓佳
责任印制：周一丹　郑玉婷

出版发行：暨南大学出版社（511443）
电　　话：总编室（8620）37332601
　　　　　营销部（8620）37332680　37332681　37332682　37332683
传　　真：（8620）37332660（办公室）　37332684（营销部）
网　　址：http：//www.jnupress.com
排　　版：广州尚文数码科技有限公司
印　　刷：广州市友盛彩印有限公司
开　　本：787mm×1092mm　1/16
印　　张：11
字　　数：180 千
版　　次：2023 年 12 月第 1 版
印　　次：2023 年 12 月第 1 次
定　　价：49.80 元

前　言

PREFACE

　　科技服务业是为科技创新全链条提供市场化服务的新兴产业，旨在推动先进科技成果向现实生产力加快转化，促进科技与经济深度融合，提升科技创新的经济、社会和生态效益。

　　党的二十大报告要求完善科技创新体系、加快实施创新驱动发展战略，这为我国推动科技服务业高质量发展提供了重要依据。根据经济合作与发展组织（简称经合组织，OECD）的理论观点，旨在提供各类科技服务的中介机构（如高校、科研机构、实验室、科技企业、金融机构、行业组织等）作为国家创新系统（NIS）的一类重要创新主体，无疑是推动国家科技创新体系不断完善的重要力量。由此可以推断，这些中介服务机构的发展水平决定了其科技服务供给的数量和质量，这必将直接影响甚至决定国家创新驱动发展效能。因此，发展壮大科技服务业既是我国完善科技创新体系、加快实施创新驱动发展战略的应有之义，亦是必由之路。

　　我国高度重视科技服务业的培育和发展，尤其是党的十八大以来，我国科技服务业发展开启新格局、驶入快车道。2014 年，国务院发布了《关于加快科技服务业发展的若干意见》，从研究开发、技术转移、检验检测认证、创业孵化、知识产权、科技咨询、科技金融、科学技术普及、综合科技服务 9 个领域部署了科技服务业的发展重点，为我国科技服务业发展指明了方向。经过多年发展，我国科技服务业规模不断壮大，现已基本形成包括咨询培训、技术创新、成果转化、创业孵化、投资融资在内的多层次、专业化科技中介服务体系，为我国提升自主创新能力、进入创新型国家行列提供了有力支撑。

广东作为国内最早提出大力发展科技服务业的省份之一，是我国科技服务业改革创新的先行地和主战场。自 2012 年以来，广东省先后出台了《广东省科技服务业"十二五"发展规划纲要》《广东省人民政府办公厅关于促进科技服务业发展的若干意见》等重要文件，专门部署科技服务业创新发展工作，为培育和规范科技服务市场，发展壮大科技服务新业态，促进科技服务业健康发展夯实制度保障，有力支撑了广东省区域创新综合能力连续 6 年居全国第一。当前，广东省正围绕建设更高水平的科技创新强省，加快构建"基础研究 + 技术攻关 + 成果产业化 + 科技金融 + 人才支撑"全过程创新生态链。不难发现，广东全过程创新生态链上每个关键环节的提质增效都蕴含着对专业化、高质量、多元化科技服务的巨大需求，尤其在新发展格局背景和高质量发展目标下，广东科技创新对科技服务的需求比以往任何时候都更加旺盛和迫切，这对广东科技服务业高质量发展提出了更高要求。

珠三角城市群作为广东省科技服务业发展的主阵地与核心区，科技服务业产值占全省的 70% 以上，集聚了全省主要的科技服务资源和服务机构，是广东省内科技服务需求最旺盛、科技服务活动最活跃、科技服务交易最频繁的区域，现已形成广州知识城、天河软件园、南沙资讯园、深圳高新区、广东工业设计城、东莞松山湖科技产业园、佛山金融高新技术服务园、珠海横琴新区等一批各具特色的科技服务业集聚区，区域内科技服务业集群式发展趋势十分明显。因此，推动珠三角城市群科技服务业率先实现高质量发展，是推动广东科技创新持续走在全国前列、支撑我国以科技创新引领支撑高质量发展的关键核心。

本书立足新时代国家和广东科技创新战略目标与发展需求，思考谋划珠三角城市群科技服务业高质量发展的时代议题，以期通过完善珠三角城市群科技服务体系为国家和广东科技创新高质量发展提供强劲助力。全书分为发展现状篇、资源建设篇、协同创新篇三部分，共十四章，其中发展现状篇为第一至第四章，资源建设篇为第五至第九章，协同创新篇为第十至第十四章，具体篇章内容安排如下：

发展现状篇由陈敏、刘文兵编写，主要从珠三角科技服务业发展总体情况入手，结合统计数据和典型案例分析，梳理总结珠三角科技服务业发展的成效、问题与经验，并从宏观层面提出促进珠三角科技服务业高质量发展的总体对策建议。

资源建设篇由林韬杰、吴幸雷编写，主要对珠三角科技服务资源进行深入剖析，在阐释创新链与科技服务链共生耦合机理并分析珠三角科技服务资源供需匹配情况的基础上，构建珠三角科技服务资源体系和资源共建共享模式，并就促进资源共建共享提出具体对策建议。

协同创新篇由蔡昱旻、邬亚男编写，主要着眼于推动珠三角科技服务协同创新，通过对珠三角科技服务平台运营模式和价值形成的理论分析，以及对国际先进做法和珠三角重点产业科技服务进行经验总结，构建珠三角科技服务业多维协同发展模式，并提出促进珠三角科技服务业协同创新的具体对策建议。

本书在编写过程中，参阅了很多文献资料和政府有关部门的总结报告，得到了广东省生产力促进中心、暨南大学、珠三角相关科技服务机构和企业的大力支持，在此一并表示衷心感谢！

编　者

2023 年 9 月

目 录

CONTENTS

资源建设篇

协同创新篇

发展
现状篇

第一章
珠三角城市群科技服务业发展现状

珠三角城市群是我国科技服务业起步最早、发展最快、需求最旺盛的地区之一，经过多年发展，珠三角地区已经形成较为完备的科技服务产业体系，并为推动国家和区域科技创新发展发挥了重要作用。全面梳理珠三角城市群科技服务业发展现状，既是系统总结珠三角地区科技服务业发展先进经验的客观需要，也是对标新时代新要求，加快推动珠三角地区科技服务业高质量发展的必由之路，是一项基础性、根本性、系统性的调查研究工作，具有重要的时代意义和现实价值。

一、 珠三角城市群科技服务业发展的总体情况

改革开放以来，伴随科技创新对经济发展的促进作用日益增强，广东省科技服务业迅猛发展，在科技创新最为活跃的珠三角地区形成了规模化、专业化、网络化的科技服务产业集群，从总体上看，珠三角城市群科技服务业发展基础扎实、势头强劲，为广东加快提升自主创新能力、培育壮大战略性新兴产业、促进产业结构优化升级、推动经济社会高质量发展提供了有力支撑。

从产业规模看，珠三角城市群科技服务产业总体规模持续壮大，截至 2018 年底，珠三角地区科技服务业增加值达 1 506.19 亿元，平均年产值增速达 20%。

截至 2019 年底，珠三角地区科技服务业法人单位达 199 283 家，比上年增长 2.4%；规模以上科技服务业企业达 3 276 家，比上年增长 40.6%，营业收入达 3 084.7 亿元，比上年增长 14.2%。

从空间分布看，广东省科技服务业呈集聚发展态势，科技服务机构主要集中在珠三角发达地区，并以广州和深圳作为核心加速集聚，珠三角地区的科技服务业法人单位数占全省总量的比例超过 90%，广深两市科技服务业增加值占全省总量的 86.1%，科技服务机构数量约占全省的 70%，并以高新区、科学城、专业镇、产业园、孵化器等作为载体在空间上加快集聚。

从服务领域看，珠三角科技服务业已经形成了从研发到转化全链条覆盖的生产力促进服务体系，涵盖了包括研究开发、技术转移、检验检测、创业孵化、知识产权、科技金融、人才培育等在内的贯穿全过程创新生态链的专业化科技服务，为广东加快推动科技创新向先进生产力转化提供了坚实保障。

二、 珠三角城市群科技服务业涉及的主要领域

（一）研究开发服务

研究开发服务是指企业为了增加知识总量并创造性运用科学技术新知识或实质性改进技术、产品和服务而持续进行的具有明确目标的系统活动。开展研究开发活动能够帮助企业保持竞争优势，提高产品质量和创新能力，增加就业机会并促进经济增长。珠三角在研究开发服务领域初步形成了以重点实验室为载体的科技研发平台体系、以工程中心为载体的技术创新平台体系和以新型研发机构为载体的科研成果转化平台体系，有力支撑了珠三角创新驱动发展。

1. 实验室体系

（1）实验室。实验室是科技创新体系的重要组成部分，是加强前沿研究、基础研究、应用基础研究、应用开发研究、战略性高技术研究的核心力量和重要平台。经过多年的发展，广东省依托实验室平台聚集和培养了大批优秀科技人才，有效地促进了科研机构、高校的国内外学术交流，推动了科技成果转化，带动了高新技术产业快速发展，为珠三角科技和经济社会发展提供了强有力的科技

支撑。截至 2022 年，广东建有国家实验室 2 家，国家重点实验室 30 家，省实验室 10 家，省重点实验室 362 家。珠三角实验室体系围绕重点产业开展基础研究、行业关键共性技术研发，主要包括电子信息技术、生物医药、高端装备制造、新材料、新能源、节能环保、现代农业等领域。截至 2019 年，在广东省企业重点实验室中，电子信息技术领域的实验室占比 31.53%，生物医药领域的实验室占比 15.31%，高端装备制造领域的实验室占比 10.01%。

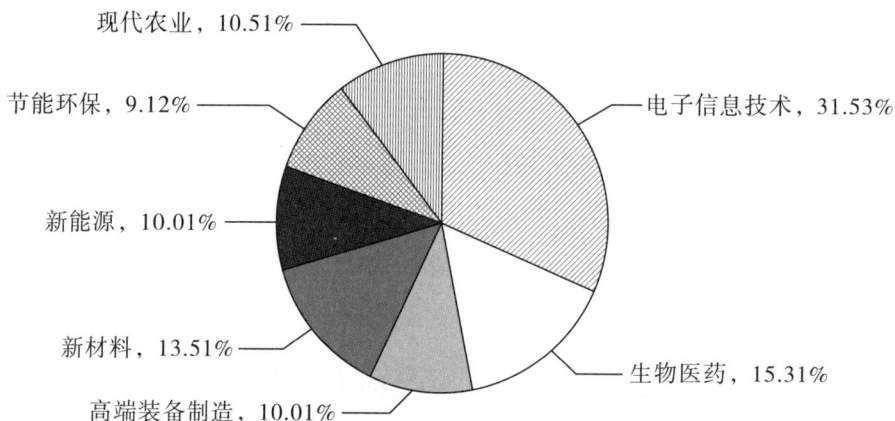

图 1-1 广东省企业重点实验室产业领域分布情况

数据来源：科塔学术。

（2）工程技术研究中心。工程技术研究中心是依托行业内创新能力强的科技型企业，以及在领域内有较大影响、研究开发和工程化能力强的高校、科研院所构建的技术创新平台。近年来，围绕创新驱动发展战略的实施，珠三角工程技术研究中心大力加强行业核心关键技术攻关和工程化研发，推动技术成果向相关行业辐射、转移与扩散，着力培养一流的工程技术人才，建设一流的工程化实验条件，促进了技术创新、经济效益和人才培养的良性循环与持续发展。截至 2020年，广东省建有国家工程技术研究中心 23 家，省级工程技术研究中心 5 351 家，主要分布在珠三角地区，占比达 82.31%，现已覆盖了电子信息技术、高端装备制造、新材料、生物医药等重点产业领域，其中电子信息技术占比 22%，高端装备制造占比 25%，新材料占比 22%，生物医药占比 8%。

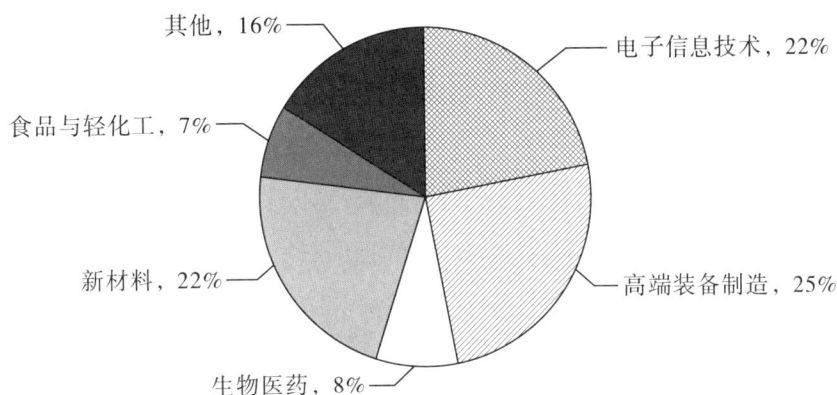

图 1－2　广东省工程技术研究中心行业领域分布

数据来源：《科技服务业发展趋势及广东省的战略抉择》（电子工业出版社 2018 年版）。

2. 新型研发机构

新型研发机构是指投资主体多元化、建设模式国际化、运行机制市场化、管理制度现代化，创新创业与孵化育成相结合、产学研紧密结合的独立法人组织。新型研发机构是区域创新体系的重要组成部分，是加快创新驱动发展的重要生力军。近年来，珠三角地区如雨后春笋般涌现了一批建设模式新、体制机制新的新型研发机构，广东华中科技大学工业技术研究院、深圳光启高等理工研究院等是这些机构的典型代表。这些新型研发机构在遵循市场与创新规律、破除体制弊端、高效利用产学研合作机制、加速创新人才集聚方面起到了良好的模范带头作用，充分释放了创新活力，成为广东省实施创新驱动发展的新动力。广东省新型研发机构的发展在全国处于领先地位，截至 2020 年，广东省级新型研发机构 251家，县级以上政府部门属研究与开发机构 183 家。根据广东省 111 家企业型省级新型研发机构的行业统计情况，这类机构所属行业主要为知识密集型行业，尤其以电子信息技术、生物医药、新材料、高端装备制造四个行业最多，数量分别为27 家、27 家、20 家、17 家，占比分别达 24%、24%、18% 和 15%。广东企业型省级新型研发机构随着广东在生物医药、新材料等知识密集和智力密集型产业的发展需求应运而生，对这类行业发展提供重要支撑。从当前国内外形势来看，企业型省级新型研发机构将成为战略性新兴产业、高技术产业、前沿技术产业的中流砥柱，为这类行业加快创新发展提供有力支撑。

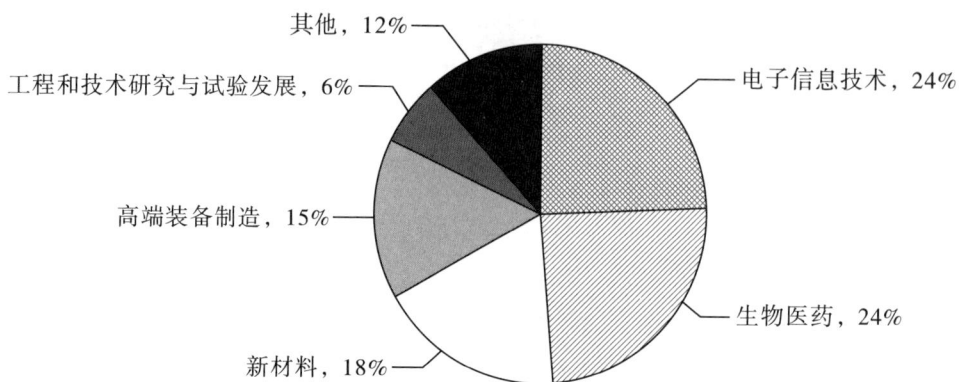

图 1-3　广东企业型省级新型研发机构行业分布

数据来源：《广东科技》。

（二）技术转移服务

1. 技术交易

近年来，珠三角技术市场规模不断扩大，技术交易日趋活跃，服务水平日益提高，为优化科技资源配置、加速科技成果向现实生产力转化、提高企业的技术竞争力、促进经济结构调整和经济发展做出了积极贡献。珠三角依托现有的技术产权交易平台、知识产权交易平台、股权交易中心等各类平台，构建了多层次的技术和知识产权交易体系，并且利用大数据、云平台等互联网技术手段搭建了科技众包或技术产权交易平台，对接科技成果所有人与投资方，促进科技成果的资本化与产业化。2021 年，广东省共认定登记技术合同 49 261 项，同比增长 23.64%；合同成交额 4 292.73 亿元，同比增长 23.86%；其中技术交易额 3 240.46亿元，同比增长 22.33%，全省技术合同成交额连续四年保持全国第二。按技术领域统计，成交金额居前三位的是电子信息技术、城市建设与社会发展、新能源与高效节能领域，其中，电子信息技术成交额 1 993.2 亿元，占全省技术合同成交额的 48.6%，依旧保持常年的领先地位。

2. 技术转移机构

近年来，广东省国家技术转移机构建设成效显著，技术转移服务力量在整体上已具有相当规模。截至 2020 年，广东省有国家技术转移机构 31 家，数量居全国第三位，共有从业人员 4 384 人，其中专职从事技术转移人员 1 167 人，技术经理人 374 人。截至 2020 年，广东省 31 家国家技术转移机构共促成技术转移项目 2.1 万个，比 2019 年增长 41.22%；成交金额为 37.55 亿元，比 2019 年增长 27.81%，占全省技术合同成交额的 1.08%。其中电子信息技术、高端装备制造、生物医药等战略性新兴产业技术转移项目 1.93 万个，成交金额为 24.79 亿元。

（三）检验检测服务

近年来，珠三角地区检验检测服务业高速发展，庞大的检验检测市场需求不仅有力推动了国有大型检验检测机构的发展，也催生了以广州金域医学检验集团股份有限公司、华测检测认证集团股份有限公司为代表的一批民营检验检测机构，同时还吸引了 SGS 通标标准技术服务有限公司、必维国际检验集团（BV）等国外知名检测机构在广东设立分支机构，形成国有、民营、外资三足鼎立的发展态势。据统计，截至 2019 年底，广东省共计 3 252 家检验检测机构上报统计信息，其中珠三角地区有 2 324 家，占比 71.46%；全省行业从业人员 11.8 万人，实验室面积 532.85 万平方米；拥有各类仪器设备 66.5 万台（套），价值 305.11 亿元；累计向社会出具检验检测报告 5 335.1 万份，营业总收入 383.53 亿元，其中检测收入 271.90 亿元，占比 70.89%。在全省 3 252 家检验检测机构中电子信息技术领域有 111 家，占比 3.41%；生物医药领域有 219 家，占比 6.73%。

（四）创业孵化服务

珠三角创业孵化服务体系主要包括科技企业孵化器和众创空间两大领域。科技企业孵化器是指以促进科技成果转化、培养高新技术企业和企业家为宗旨的科技创业服务载体。众创空间是为小微创新企业成长和个人创新创业提供低成本、便利化、全要素的开放式综合服务平台。

当前，珠三角持续推进创业孵化体系提质增效发展，发动社会各界力量积极参与创业孵化服务体系建设，珠三角创业孵化服务体系规模不断扩大，在电子信息技术、高端装备制造、生物医药等专业领域培育了一批百亿级产业孵化集群。

珠三角创业孵化服务体系呈现出以下特点：

一是数量多，质量高。截至 2019 年底，广东省科技企业孵化器高达 1 036 家，占全国总数的 19.9%，位居全国第一，其中国家级孵化器 110 家，省级孵化器 135 家，国家级众创空间 234 家，省级众创空间 137 家，省级以上众创空间数量占全省众创空间总数比例超过 40%。

二是国际化程度越来越高。珠三角创业孵化载体"引进来"和"走出去"取得一定成效，引进 WeWork、Plug and Play 等知名国际孵化器在珠三角投资建设或运营孵化器；与此同时，珠三角共有深圳湾创业广场、力合科创、太库、瀚海控股等 25 家孵化器在美国、以色列、日本、德国等主要创新型国家和地区建立海外孵化基地。截至 2018 年，广东省过半数的众创空间开展了国际合作，共计 1 580 次，共吸纳留学归国人员 7 110 人，引进留学归国人员创业团队和企业 2 602 个（家）。

三是专业孵化器成为主力军。珠三角积极推动龙头企业、高校科研院所围绕优势专业领域建设专业孵化载体，在促进孵化载体专业化发展方面取得了一定成效，已成为珠三角培育电子信息技术、高端装备制造、生物医药等重点产业发展的重要载体。截至 2019 年，全省专业孵化器达 313 家，其中电子信息技术产业占据了绝对优势，比例高达 42%，高度集中在广州、深圳、惠州、东莞等珠江东岸主要地市，符合广东省珠江东岸打造电子信息产业带的发展方向。

四是创业带动就业成效显著。创新创业已成为珠三角推动就业的重要途径之一。2018 年，珠三角创业孵化载体新增就业人员 12.4 万人，占全省城镇新增就业人员的 8.3%；全省孵化器与众创空间内创业团队和企业带动就业总人数达 55.6 万人，其中吸纳应届大学生就业人数达 6.7 万人，且超过 80% 的海外高层次人才落户在创业孵化载体中。

（五）知识产权服务

近年来，珠三角知识产权服务由专利代理、商标代理等低端服务业态向知识产权信息服务、战略咨询、商用化等高端服务业态发展。

在代理服务方面，目前广东共有专利代理机构及分支机构 787 家，执业专利代理师 2 530 人，代理领域涉及机械、电子信息技术、生物医药等重点产业领域。在法律服务方面，建立知识产权国家级快速维护中心、维权援助中心分别为 7 家、6 家。

在信息服务方面，已建立涵盖我国、大多数发达国家和地区以及世界知识产权组织（WIPO）、欧洲专利局（EPO）等重要组织的专利信息服务平台；建设广东省家电、汽车、高端装备制造、生物医药、电子信息技术、太阳能光伏等产业专利数据库 17 个；搭建广东省产业发展专利信息综合应用服务平台和广东省重点产业、行业外观专利图像分析服务平台等特色平台系统等；围绕珠三角重点产业转型升级和珠江西岸高端装备制造产业带建设，组织 7 个城市在 9 个产业领域开展专利导航。

在运营服务方面，开展国家知识产权运营系列试点，搭建珠海横琴国家知识产权运营特色试点平台、广州知识产权交易中心线上运营交易系统等知识产权运营服务平台；2020 年，广东省设立国家海外知识产权纠纷应对指导中心广东分中心、深圳分中心，成立广东省海外知识产权保护促进会，进一步推动提升广东企业海外知识产权保护能力和水平。

（六）科技金融服务

经过多年发展，广东已形成创业投资集聚活跃、商业银行信贷支撑有力、社会资本投入多元的科技金融服务体系。

在场内交易市场服务体系方面，截至 2019 年底，深交所创业板市场已发展了 791 家上市公司，总市值 61 347.62 亿元，总发行股本 4 097.11 亿股，总流通股本 3 061.87 亿股，成为推动中国经济高质量发展的重要力量；在创业板上市公司中，电子信息技术行业占比达到 27.4%。

在区域性股权交易中心方面，珠三角地区拥有广东股权交易中心和深圳前海股权交易中心 2 家区域性股权交易中心，截至 2019 年，广东股权交易中心展示、挂牌、托管公司分别为 13 141 家、3 515 家、3 617 家，累积融资总额超 1 137 亿元，各项综合指标均排在全国前列；前海股权交易中心展示企业 7 066 家，融资总额超 602.25 亿元。

在创业投资服务体系方面，2017 年广东私募股权、创业投资基金管理人机构注册资本合计为 1 892.59 亿元，人员规模为 2.9 万人，创业投资金额为 319.46 亿元，位居全国第三。

在科技信贷服务体系方面，广东省科技厅与中国银行广东省分行、中国建设银行广东省分行等多家银行建立战略合作关系，鼓励银行积极参与科技创新活动，设立科技支行，创新科技信贷产品，形成富有成效的科技信贷体系。

在科技风险投资体系方面，珠三角地区通过设立科技企业孵化器天使投资基金、互联网股权融资领投基金、科技成果转化基金、战略性新兴产业创业投资引导基金、重大科技专项创业基金、重大科技成果产业化基金等各类风险投资基金，形成了面向电子信息技术、生物医药、高端装备制造等重点产业领域和不同阶段的科技风险投资体系。

本章小结

本章通过对珠三角城市群科技服务业的发展现状进行全面梳理，尤其对珠三角地区科技服务，即包括研究开发、技术转移、检验检测、创业孵化、知识产权、科技金融等在内的服务领域开展逐一分析，立体展现了珠三角地区科技服务业的资源禀赋和能力体系，得出了珠三角城市群科技服务业产业规模不断壮大、积极效应持续增强、服务内容日益丰富、服务功能日趋完善的基本判断，为后续篇章从不同维度就珠三角科技服务业开展分析奠定了坚实基础。

第二章
珠三角城市群科技服务业典型案例

　　珠三角城市群在发展科技服务业过程中不仅积累了丰富经验，而且在各个服务领域中都涌现出一批高水平科技服务机构和典型服务案例。本章聚焦研究开发、技术转移、检验检测、创业孵化、知识产权、科技金融和生产力促进等重要科技服务领域，详细介绍广东华中科技大学工业技术研究院、华南技术转移中心、广州金域医学检验中心、中大创新谷、广州知识产权交易中心、中国银行广州番禺天安科技支行、中山市小榄镇生产力促进中心等代表性科技服务机构开展科技服务的典型案例，以期为总结提炼珠三角城市群科技服务业发展先进经验和成功做法提供帮助。

一、 研究开发服务领域： 广东华中科技大学工业技术研究院

　　广东华中科技大学工业技术研究院（以下简称工研院）坐落在广东东莞松山湖国家高新区，是由东莞市人民政府、广东省科学技术厅和华中科技大学合作共建的一个科技创新、技术服务、产业孵化和人才培养平台。工研院按照"创新是立足之本、创造是生存之道、创业是发展之路"的理念，在科技体制机制方面勇于改革，探索出一条科技与经济相结合的创新之路，成为支撑东莞乃至广东产业转型升级的重要战略科技力量。

（一）主要做法

工研院经过多年发展，在科技创新、技术服务、产业发展以及人才汇聚等方面积极探索，搭建起"政府—高校—企业—团队"四位一体协同创新系统（见图2-1），并形成了四大科技服务模式。

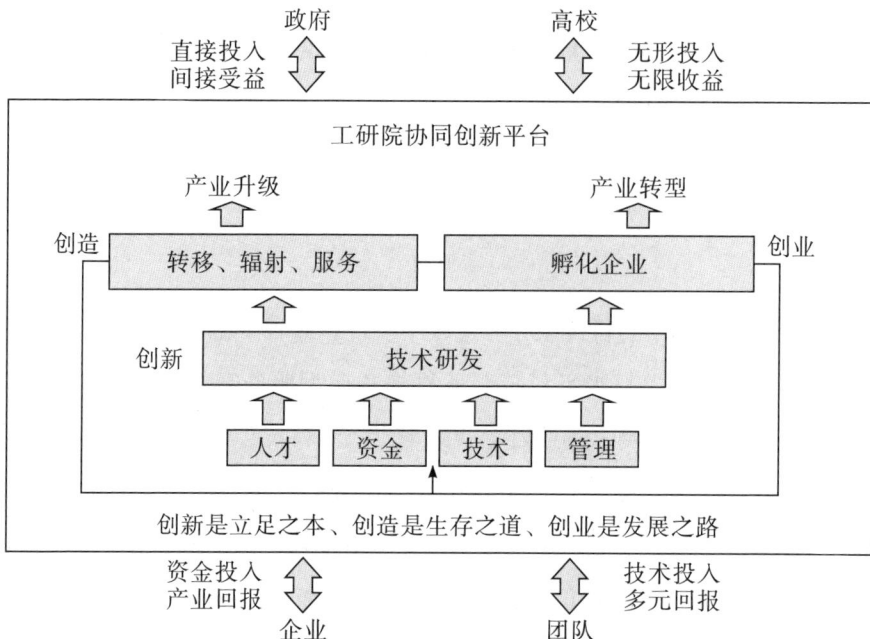

图2-1　工研院"政府—高校—企业—团队"四位一体协同创新系统

1. "青苹果—红苹果—苹果树"的科技创新模式

工研院积极推动华中科技大学国家级科技成果转化与技术转移。例如，学校承担了国家863重大专项，该项目研制出来的成果——RFID全自动封装生产线的样机就像是"青苹果"，只是"看上去很美"，"好看却不好吃"；但通过工研院这个平台，结合企业生产的实际需求，开发出面向不同需求的3个系列RFID全自动封装生产线，并在广东中山达华等企业投入使用，使学校的实验室成果产品化，变成"既好吃又好看"的"红苹果"；在这个基础上，工研院还结合广东省发展物联网战略性新兴产业的实际需求，自主开发了电子标签、超高频读写器等物联网核心产品，搭建了物联网集成应用平台，形成了全方位研发和产业化体系，从而促进单个产品的"红苹果"转变为物联网产业的"苹果树"规模效应。RFID 全自动封装生产线也由此获得了国家技术发明奖二等奖。

2. "近距离—零距离—负距离"技术服务模式

学校在东莞建设工研院的同时，把制造学科的六大国家级研究平台引入广东，在东莞建立分中心或分室，拉近了学校成果与企业需求的距离，拉近了科技与经济的距离。随后学校和工研院又派遣了一批科技特派员，长期入驻企业，开展端对端科技服务工作，实现"零距离"服务。工研院除了主动走向企业，还通过组建产品设计、精密加工、性能检测和物联网应用等技术服务中心，集合设备、技术、人才等优势，为企业提供集中式全过程高端技术服务，并实现了企业主动联系上门的"负距离"技术服务。

3. "保姆—伙伴—领航员"产业发展模式

在助推传统产业升级上，工研院就像"保姆"一样，着力为企业做好服务，帮助企业改造设备、提升管理。比如"一体化毛纺编织机""高速木材复合加工中心"等装备，就是工研院专门针对东莞大朗的纺织业和厚街的家具生产等传统产业设备落后的现状所自主研发的，在一定程度上改变了传统产业生产设备严重依赖进口的局面，降低了企业成本，提升了企业生产效率。在发展新兴战略产业上，工研院将自身的技术优势与企业的市场开拓能力和生产管理经验结合起来，双方结成"伙伴"共同发展。比如工研院针对东莞发展 LED 的战略需求，与广东志成冠军有限公司联合组建了广东志成华科光电设备有限公司，进行了 LED检测机、LED 分选机的产品研发与生产，并在塘厦建设了生产基地。工研院不仅推动产业升级转型，还扮演"领航员"角色，积极引领未来产业发展。工研院利用自身多通道融合显示技术优势，致力于图形图像显示和集中控制技术的应用研究，自主研发的"机电控制与多媒体融合系统"，不仅在 2010 年世博会北京馆成功应用，使得北京馆成为世博会唯一具备"变形"功能的展馆，同时在世博会中国国家馆、阿根廷馆、安哥拉馆、非洲五国联合馆等 15 个场馆中也进行了成功应用。

4. "近亲—远亲—远邻"人才汇聚模式

工研院刚刚成立时的 30 多名员工大多是学校的教师和研究生，这属于是

"近亲"。工研院作为开放式科技平台，随着规模的不断壮大，逐渐吸引了华南理工大学、中国科技大学、哈尔滨工程大学、西安交通大学等全国各大高校优秀人才来此发展，这些人才来自各大高校和科研院所系统，属于"远亲"。在上述人才储备的基础上，工研院积极引进"远邻"高端人才——美国等地的国际创新团队，共同为地方经济服务。工研院先后引进了以香港科技大学李泽湘教授为带头人的运动控制创新团队，以中组部"千人学者"、美国佐治亚理工学院终身教授李国民为学术带头人的智能感知创新团队，均被评为广东省创新团队。

（二）主要成效

在产品研发方面，工研院组建了一支 600 余人的专业化技术团队，针对建材、家具、电子制造、模具、毛纺、能源等行业的重大需求，自主研发了十几类、几十个系列的行业关键装备，申请各类知识产权 240 多项，为产业转型升级提供了有力支撑。

在技术服务方面，工研院组建了设计服务中心、激光技术中心、检测技术中心以及物联网技术中心，累计为 4 000 多家企业提供集中式高端技术服务，为企业技术创新、工艺升级和产品迭代提供了有力支撑，极大提升了企业的核心竞争力。

在产业孵化方面，工研院通过自主研发成果转化创办了 19 家企业（其中 4 家被认定为国家高新技术企业），孵化了 80 余家企业（其中 2 家在"新三板"挂牌，1 家被认定为东莞市上市后备企业），通过自我造血和良性循环在松山湖投资兴建了 4.3 万平方米的松湖华科产业孵化园（被认定为国家级科技企业孵化器），在清溪启动建设"华溪城"创新产业园，并建成 3 个生产基地；成立华科松湖创业投资有限公司，发行了东莞首支面向高端制造业的股权投资基金。

在人才引育方面，工研院引进的运动控制创新团队获批第一批广东省创新团队，引进的智能感知创新团队获批第三批广东省创新团队；此外，工研院还通过各类技术培训，为企业累计培养、培训各类技术人才 5 000 多人次，为企业加快提升技术创新能力和构筑核心竞争优势提供了有力支撑。

在荣誉表彰方面，工研院获得了国家技术转移示范机构（东莞首家）、"十一五"国家科技计划执行优秀团队（全省共 6 家）、中国产学研合作创新奖（连续两年）等一系列荣誉及表彰，极大提升了工研院的社会知名度和行业影响力。

二、 技术转移服务领域： 华南技术转移中心

华南技术转移中心是由广东省政府统一部署，广东省科技厅、广州市科技局、广州南沙区管委会联合支持共建，广东省生产力促进中心牵头建设的国有创新服务平台。广东省华南技术转移中心有限公司为华南技术转移中心的实体运营单位，于 2018 年 3 月正式运营。作为粤港澳大湾区及珠三角国家科技成果转移转化示范区建设的重要载体和枢纽平台，华南技术转移中心一直致力于构建"一站式对接、一条龙服务、全生命周期、全要素网络"技术转移转化生态系统，覆盖"技术需求—成果供给—技术交易—孵化育成—创业投资"等关键环节，集聚整合国内外高端科技成果、人才、机构、资本等资源，努力建设成为立足粤港澳大湾区、辐射全国、面向国际的综合型技术转移转化高端枢纽平台。

华南技术转移中心按照综合型技术转移转化高端枢纽平台建设的战略定位，坚持线下平台建设、线上平台开发、业务合作拓展三驾马车同时发力，技术转移转化的综合型枢纽平台效应初步显现。中心主要通过以下做法推动技术转移和成果转化：

一是自主研发"华转网"线上服务平台，率先开启科技服务"电商"时代。具体运用大数据、云计算、区块链等新型技术手段搭建项目、需求、人才和服务商四大专业数据库，整合集聚科技成果等创新要素 3 万余项。

二是探索技术转移转化创新模式，包括以人才项目团队落地为目标的技术转移"CAE 模式"，以龙头企业技术需求为导向的技术转移"东鹏模式"，以龙头企业技术推广为依托的技术转移"诺维信模式"等。

三是搭建"8 分钟路演"在线平台，打造创新创业路演领域的"抖音"，致力于为企业提供项目孵化、展示、路演、融资对接、企业报道等全链条服务。

四是开拓国际技术转移市场，探索突破发达国家技术封锁下的技术转移业务，着力加强与国际技术转移转化商业机构的合作，探索以"嵌入式"和"离

岸式"开展非政府间技术转移与商业化新模式，为广东引进国际高水平人才、技术和项目。

五是华转学院启动"星伙燎原工程"，打通科技成果转化"最后一公里"，着力为科技型企业培养一批高素质创新管理骨干人才。

六是建立高价值专利交易转化服务平台，为相关科技型企业提供知识产权设计开发、转化交易授权许可、高价值专利转化孵化等综合解决方案。

三、 检验检测服务领域： 广州金域医学检验中心

广州金域医学检验中心成立于 1994 年，起源于广州医学院（今广州医科大学），是中国最早也是目前国内规模最大、品牌与综合实力最强的全国性医学独立实验室集团，其业务覆盖药物临床试验、医学检验、病理诊断、食品和化妆品卫生安全检验等多个生物技术领域。2012 年金域集团病理量为 250 万例，集团共收取标本 10 000 万例，涵盖了病理、生化、免疫、血液流式细胞、微生物、基因诊断、遗传、理化分析、常规检验等 12 个学科，其中病理、遗传、基因诊断等学科的技术水平国内领先，年检测量为全国最多。作为中国成立最早的第三方独立医学实验室，金域已经发展成为中国客户数量最多、检测项目最全、服务网络最广、营业额最大的独立医学实验室。经过多年的发展，金域走出了一条专业化、连锁化的发展道路并形成了以下重要经验：

首先，质量是获得公信力的关键。金域成立至今，已花费数千万元用于流程再造和 ISO/IEC17025、ISO9001：2000、CAP 等一系列国际质量体系认证，并成为中国首家通过 ISO/IEC17025 国家实验室认可的独立实验室。金域强化实验室精细化管理、申请美国 CAP 认证等一系列措施都旨在提升实验室的管理和质量。

其次，通过资源整合补充现有医院检验的不足。各级医院临床医生在诊断项目上的一致，会缩小不同级别医院间诊疗水平的差距。而对于患者来说，医学独立实验室提供的高质、高效的检验服务，有利于基层医院提高自身的诊疗综合能力，让患者在基层医院就可以解决很多疾病的诊治。像金域这样的独立实验室的优势在于整合资源，既能弥补中小医院检测项目的不足，又能成为大型医院实验

室项目的有益补充。

最后，通过规模效应提高设备利用率。医学独立实验室是减少重复投资、提高设备利用率和降低社区医疗投资的有效途径，能够使社区医疗在减少设备投入的同时获得新技术，从而让更多患者在社区就能享受到综合医院的医疗技术服务。金域已经在济南、南京、西安、合肥和郑州等地建立了 21 家省级中心实验室，并形成了以广州为总部，辐射全国、面向国际的生物技术外包服务集团企业。

四、创业孵化服务领域：中大创新谷

中大创新谷是一家面向全国布局的专注于孵化培育创新型创业者、企业家和产业家的生态服务平台，2015 年 12 月被评为国家级众创空间，纳入国家级孵化器管理体系，2016 年被评为广东省众创空间专业委员会主任单位、广东省众创空间联盟主席单位。中大创新谷致力于营造良性和可持续发展的创业生态环境，关注新技术、新材料、大健康、文化创意等领域的项目孵化，旨在解决创业者不同创业阶段的需求，并为创业者提供全要素、开放式、平台化的新型创业孵化服务。

中大创新谷围绕创业企业需要的项目、思想、资本等创业要素，搭建形成了以中大创投为众创平台、以庖丁技术为众包平台、以云珠沙龙为众扶平台、以海鳌众筹为众筹平台、以中创产业研究院为众智平台、以中创学院为众育平台的创新创业"六众"平台，并定期主办开放日、焖烧会、天使下午茶、打磨大会、云珠沙龙、技术直通车、众筹直通车、SME – Talk、INNO Talk、跨界创新大会等创新创业活动，打造了项目孵化与投资相结合、线上与线下相结合、创新与产业相结合、孵化与人才培养相结合的创新创业生态孵化体系。

创新（0）—创业（1）—企业（10）—产业（N），是中大创新谷围绕构建孵化体系的核心链条。为了使中大创新谷的孵化体系由创新企业阶段向创新产业阶段延伸，专业性产业孵化器"广东医谷"和"广东材料谷"应运而生。"广东医谷"专注于医疗和大健康产业，"广东材料谷"专注于新材料产业，通过构建以企业为主体的产业协同创新体系布局前沿产业，围绕重点领域开展应用示范，打造"科技 + 金融 + 产业 + NGO"聚合创新的典范和标杆。

经过近几年的探索和发展，中大创新谷已经构建了一套创业教育、创业研究、企业孵化和创投基金四位一体的孵化体系，能真正做到创新与产业相结合、项目孵化与人才培养相结合，为广大创新创业者提供优质的工作空间、网络空间、社交空间和资源共享空间，为创业者服务，助项目成长。中大创新谷先后孵化培育了五百丁、1号生活、中元软件、翔康技术、微凡智能、行影文化、京墨医疗、小瓦智能、圣越文化、潘都文化等一批优秀创业项目和高新技术企业，其中1号生活先后获得近亿元融资，五百丁荣获"2015年广东青年创新创业大赛"二等奖，小瓦智能荣获"第二届中国青年创新创业大赛"（商工组）全国赛铜奖，圣越文化荣获多个国际大赛冠军。

五、 知识产权服务领域： 广州知识产权交易中心

广州知识产权交易中心于2014年由广东省产权交易集团、广东省粤科金融集团、国家知识产权局专利局专利审查协作广东中心、广州凯得控股有限公司和北京东方灵盾科技公司等联合发起设立，中心以"知识产权 + 金融 + 产业"为指导原则，制定了"一体两翼、三项业务、八款产品"的工作思路，以广州知识产权交易中心为载体，在南沙和前海分别建立华南地区知识产权运营中心与前海知识产权金融运营公司。

广州知识产权交易中心的重点业务包括开展知识产权交易、知识产权金融及知识产权运营三大业务板块，同时结合市场需求，发挥广东省产业优势和知识产权优势，研发了多款符合市场需求的新型知识产权产品，具体如下：

（1）知识产权交易及见证：提供知识产权交易，以及为知识产权转让、许可等提供具有公信力的第三方交易平台的见证服务。

（2）智财通：为大型企业集团提供全球利润合理分配的知识产权解决方案。

（3）融智汇：为上市国有企业或拟上市企业提供资产价值发现和挖掘的知识产权运营方案。

（4）知信保：为大中小微及创新型企业提供知识产权融资服务。

（5）智托管：为产业核心专利权人提供多渠道、多选择的专业托管服务。

（6）专利评估：运用新型专利价值评估方法为企业提供更加合理、高效和低成本的专利估值服务。

（7）智转化：为高校科技成果转化公示提供具有公信力的第三方平台。

（8）知融通：为各金融、资产、权益等要素交易平台提供跨平台的知识产权专业服务。

经过多年发展，广州知识产权交易中心在加快推进广东省知识产权质押融资工作，解决知识产权流转交易难和处置变现难的问题，促进科技与金融、产业的有效融合，推动科技成果转化方面取得了显著成效，为广东加快推动科技成果有效转化为先进生产力提供了重要支撑。

六、 科技金融服务领域： 中国银行广州番禺天安科技支行

2012 年，中国银行广东省分行在番禺成立了首家政府扶持下的科技专营机构——中国银行广州番禺天安科技支行，该科技支行以科技信贷为发展方向，探索出"信用体系 + 风险补偿"的业务模式，并配套开发了针对科技企业的专属融资产品——"中银科技通宝"，累计为上百家科技型中小企业提供了科技信贷服务，主要经验和做法如下：

一是实现风险共担。省、市、区科技部门共同设立风险准备金池，建立风险共担机制，分担天安科技支行的贷款风险，天安科技支行向科技型中小企业发放不低于 10 倍科技贷款风险准备金数额的贷款授信额度，有力推动了科技与金融的深度融合。

二是实行单独贷款机制。天安科技支行实行包括配套客户准入、专项产品、专家评审、专属提案、专人审批、专项规模、风险定价、不良容忍这 8 个单独机制，按照科技型中小企业发展的不同阶段，降低抵押门槛，开展知识产权质押融资，为企业提供不同的授信额度。

三是产品契合创新升级需求。"中银科技通宝"系列产品契合中小企业创新

升级需求。天安科技支行根据科技型中小企业的特点，开发设计了科技立业贷、科技分担贷、科技过桥贷、科技挂板贷、科技投联贷等系列产品，在选择客户时不唯担保、不唯抵押，以知识产权质押作为担保条件，降低准入门槛，支持更多的科技型中小企业。

四是联合进行贷款评审。天安科技支行与科技部门联合进行贷款评审，在政府部门和银行相互批量推荐企业后，银行开展尽职调查，初步形成可以贷款的企业名单，邀请政府及科技方面的专家，加上银行人员，召开联席会议，并形成会审决议，最终确定放款名单。

经过几年实践，天安科技支行与风投、政府科技部门联动，为中小企业创新升级搭建了良好的生态系统，据统计，天安科技支行累计向中小企业发放科技贷款 5 亿元，支持中小企业客户百余家，推动科技型企业实现了较好的发展。天安科技支行的实践案例在《瞭望》新闻周刊上刊登，得到了国家领导人的重视和批示。

七、 生产力促进服务领域： 中山市小榄镇生产力促进中心

中山市小榄镇生产力促进中心于 1999 年筹建，2000 年经广东省科技厅批准成立，是中山市小榄镇人民政府为推动技术创新和发展区域经济而组建的中小企业公共服务平台。小榄镇生产力促进中心坚持自身发展与产业发展相协调，围绕中小企业发展的共性需求，整合科技资源，不断培育和发展新的服务项目，为企业提供从生产制造、关键技术、工艺改造到经营方式、营销策略、品牌建设等一条龙专业化、系统化服务，形成了技术创新、信息网络、质量检测、人才培训、企业融资、科技创业六大服务功能，有力地推动了企业自主创新能力和产业竞争力 "双提升"，成为服务中小企业、促进产业转型升级、铸造区域品牌的 "助推器"。小榄镇生产力促进中心目前拥有一支 600 多人的专业化服务团队，其中中高级职称工作人员 300 多人，建立服务实体 43 个，拥有研发创新场所 30 000 多平方米，拥有各类先进设备 500 多套。

小榄镇生产力促进中心十分注重企业调研，通过电话访问、座谈会、走访等

多种形式，与企业深入交流，了解企业需求，有针对性地及时为中小企业设立相关的服务内容，不断完善企业科技服务体系，解决企业的共性难题，在提高企业自主创新能力、推动产业优化升级、提升区域产业经济竞争力等方面发挥了积极作用，主要经验和做法如下：

一是以技术创新服务促进产业创新发展。为解决产业发展需求，小榄镇生产力促进中心先后组建了汉信现代设计制造技术服务中心、热处理技术服务平台、中山市半导体照明产业共性技术创新服务平台、产品检测公共服务平台、粤港产业创新设计中心、小榄节能服务中心等专业服务机构，为企业提供模具快速成型、表面处理、产品检测、产品创新设计、节能降耗等一站式的技术创新服务，在促进企业技术创新活动的同时，降低了企业的研发成本，减轻了企业的经营压力，为增强企业竞争力、推动产业发展发挥了重要的支撑作用。

二是以信息网络服务提升企业品牌影响力。为打破企业传统经营模式，小榄镇生产力促进中心推动企业进行信息化建设，建立了信息化与工业化融合创新中心，形成"政府推动+行业机构专业运作+专家智库+工业产业联盟+技术应用平台+行业信息化服务"的完整工作链，为企业自主创新提供强大的信息服务平台。同时通过网络、媒体为区域品牌进行整体宣传推广，小榄智造网、生产力促进网、五金基地网等区域网站的建设、"小榄名优产品展示"和《新光源基地特刊》的制作、联合区域内企业投放"小榄智造"集群广告，都打破了品牌宣传的传统方式，利用区域品牌效应，协助区内企业以成熟、优质的姿态走向国际市场，提升了品牌的知名度和感染力。

三是以人才辅导服务促进企业"双优化"。为解决企业人才缺乏的困境，提高企业人才素质，小榄镇生产力促进中心建立小榄镇职业技能培训服务体系，成立广东省内首家生产力培训学院，引入香港生产力促进局以及台湾生产力促进中心的优质师资，通过开展企业诊断、精益生产、人才培养、品牌建设辅导等服务，一方面为中小企业解决专业人才缺乏的难题，另一方面帮助企业改善内部管理，转变经营方式，提升自身管理水平和自主创新能力，实现产业与人才"双优化"的目标。

四是以科技金融服务助推企业成长发展。小榄镇生产力促进中心整合社会金融资源，联合中小企业创新发展资金担保有限公司、中山小榄村镇银行、中山市菊城小额贷款股份有限公司等科技金融服务机构，推广"用户＋企业＋银行"的金融创新模式，运用一系列的贷款优惠政策，拓宽企业创新融资渠道，降低企业融资成本，缓解中小企业融资难问题，通过完善金融服务解决中小企业融资难题，为企业创新提供了资金后盾。

经过多年发展，小榄镇生产力促进中心先后被授予"优秀国家级示范生产力促进中心""广东省火炬计划先进集体""广东省中小企业信用担保机构示范单位""广东省中小企业技术支持服务机构示范单位""广东省节能技术服务单位""广东省优秀管理咨询机构""广东省工业设计创新服务联盟成员""广东省新光源高新技术应用基地""市级中小企业综合服务机构"等荣誉称号，为中山市科技创新和产业发展提供了重要支撑。

本章小结

本章通过介绍各领域代表性专业机构开展科技服务的典型案例，全面梳理总结了珠三角地区开展高水平、专业化科技服务的先进经验和成功做法，不仅有助于巩固和深化珠三角地区推动科技创新的宝贵经验成果，还能够从更深层次把握珠三角地区科技创新"走在前列"的内在机理，更有利于推动珠三角地区科技创新的好经验、好做法在更大范围复制推广。

第三章
珠三角城市群科技服务业存在的问题

国家和地区之间日益激烈的科技竞争对科技服务业创新发展提出了更高要求。当前，虽然珠三角城市群科技服务业发展态势总体向好，但对标新时代科技创新发展新要求，珠三角城市群科技服务业在保障高水平科技服务供给方面仍有差距，在产业发展规模、服务机构种类、区域协调发展、人才队伍建设、行业规范运行、服务模式创新等方面仍然面临一系列亟待解决的结构性问题，加快破解以上难题是在新时代推动珠三角科技服务业高质量发展的核心关键。

一、 科技服务产业发展规模仍不够大

评价珠三角城市群科技服务业发展规模情况可以从内部和外部两个视角进行考察，内部视角主要考察珠三角城市群科技服务业对省域（广东）经济总量的贡献度；外部视角主要考察行业发展程度与省外其他科技发达地区的差距。考虑到珠三角城市群是广东省科技服务业的核心集聚区（资源集聚程度超九成），为方便开展省域横向比较，下文将基于对广东省域层面的整体分析，间接反映珠三角城市群科技服务产业发展规模存在的问题。

广东省作为全国经济总量第一的大省，全省生产总值占全国的比重超10%，但科技服务业规模与经济发展水平不匹配，总体产业规模相对较小，对全省经济

总量的贡献不大。2017 年，广东省科技服务业增加值占全省生产总值的比重仅为 1.7%，占第三产业增加值的比重为 3.1%，与北京（7.6%、9.2%）、上海（3.7%、5.2%）存在一定差距，甚至未达到全国平均水平（2.1%、3.9%）。此外，广东科技服务业的企业盈利能力也相对偏弱，2019 年，规模以上科技服务业企业营业收入为 3 084.7 亿元，而北京规模以上科技服务业企业营业收入为 6 420.79 亿元，比广东高出一倍多。

二、 科技服务机构种类不齐全

在科技服务业上游，基础研究不强仍然是珠三角地区的薄弱环节，而且现有的研发平台在引进国外先进科研资源方面依然不足，尤其是在尖端设备采购引进上存在障碍，同时在国际科研合作交流、利用外资等方面有待进一步提升。

在科技服务业中游，高校作为最大的科技成果产出主体，成果转移转化能力有待进一步加强，科技成果难以转化应用的问题依然突出。特别是大量的科技成果都处在实验室技术完成阶段，部分高等院校、研究开发机构由于科技投入和成果转化资金不足，中试等产业化研发缓慢，科技成果成熟度低，需要各类技术转移转化平台以需求为导向，不断完善自身功能，进一步发挥平台的服务整合作用，为高校及研究开发机构提供集约化的成果转化服务。针对生产力服务机构而言，创新资源规模小而分散，缺乏资源整合协调机制。全省的生产力促进机构中相当一部分属于事业单位，受体制机制等因素影响，许多机构主要依靠政府的引导和推动来获取创新资源，缺乏稳定性、持续性和市场机制，资源的吸引力和争夺力不强，导致集聚的创新资源整体规模偏小、层次偏低。全省的生产力促进机构虽然已形成生产力服务体系、科技金融服务体系和创新创业服务体系，但是各服务体系还没有形成规模效应，主要在于各地生产力促进机构以服务本地区科技企业为目标，缺乏大局观和前瞻性，而且省市一级机构聚集创新资源的能力较强，但由于缺乏资源整合协调机制，使得优质资源无法共享和辐射到基层机构。

在科技服务业下游，虽然创业孵化服务、科技金融服务机构众多，但是在检验检测、管理咨询、法律、会计、评估等专业服务领域，与世界一流水平还有一定差距，特别是缺少高度市场化和国际化的服务机构，现有服务体系整合资源能力和专业服务能力有待进一步提升。

三、 城市间科技服务业发展不均衡

珠三角城市群由于城市区位、经济基础以及政治位势不同，城市间科技服务业发展存在不均衡现象，广州、深圳两市领跑明显，各城市创新能力基础和资源要素禀赋差距巨大，区域内科技服务业协同发展面临重大挑战。

从科技服务机构看，2019 年，珠三角地区的科技服务业法人单位数占全省总量的比例为 91.1%，集中了全省大多数科技服务业机构；在珠三角内部，广州、深圳科技服务业法人单位数占全省总量的比例分别为 35.3% 和 29.7%，远高于珠三角其他城市。

从科技服务人才看，2019 年，珠三角地区的科技服务业从业人员数占全省总量的比例为 91.8%，广州、深圳科技服务业从业人员数占全省总量的比例分别为 36.0% 和 30.3%，集聚效应突出。

从财政支出力度看，广州、深圳科技财政支出力度在珠三角城市群中具有绝对优势，2018 年广州、深圳和珠三角其他城市科技财政支出额分别为 163.67 亿元、554.98 亿元和 223.03 亿元，在广深以外的珠三角七市中科技财政支出额最大的是佛山，但仅为 54.68 亿元，市域间科技财政支出悬殊也影响珠三角各城市科技服务业均衡发展。

从城市创新产出看，深圳的专利申请与授予量最高，位于第一梯队，远高于珠三角其他城市，广州位于第二梯队，佛山、惠州、东莞位于第三梯队，其余的位于第四梯队，城市间阶梯状分布的创新格局在某种程度上也反映出珠三角城市群科技服务业发展不均衡的问题。

四、 人才供给与服务需求不匹配

科技服务业作为一种知识密集型产业，是打通基础研究到应用研究再到成果产业化整个创新链的重要媒介，因此科技服务业发展对从业人员有较高的要求，特别是高端复合型科技服务人才。

当前，虽然珠三角科技服务业各服务机构从业人员队伍不断壮大，人员结构不断优化，但相当一部分人员专业能力不强，知识单一，且缺乏从事管理、技术咨询、金融和企业运作等方面的知识与经验，无法达到企业服务要求的标准，高端研发人才和具有创新性、跨领域整合与管理实务历练的人才严重缺乏，特别是随着科技服务业的不断发展和壮大，高素质复合型人才变得更加稀缺。根据相关统计数据显示（见表3-1），2018年珠三角地区科技服务业从业人员共70.38万人，远远低于环渤海大湾区的126.13万人，且根据人才集聚效应和城市发展虹吸效应，差距有进一步扩大的趋势。此外，在人才培育方面，目前珠三角地区许多科技服务机构尚未形成人才培养、引进、激励的政策机制和环境，导致高端适用型人才匮乏，尤其是缺少敢于创新、经过跨领域实务历练的人才。人才结构不合理、高素质人才缺乏严重制约了珠三角城市群科技服务业的进一步发展。

表3-1　大城市群科技服务从业人员对比

单位：万人

地区	2017 年	2018 年
珠三角地区	55.36	70.38
环渤海大湾区	127.69	126.13
环杭州湾大湾区	59.18	60.33

五、　行业标准化建设相对滞后

虽然广东省、珠三角地区部分城市先后出台了一系列政策文件来引导和规范科技服务业发展，但与行业快速发展形成鲜明对比的是行业规范化建设相对滞后。

一是缺乏完善的科技服务业制度体系。珠三角地区尚未出台专门保障科技服务业发展的相关法律法规，科技服务机构的法律地位、管理体制、运行机制等方面的许多问题无法可依；同时，科技服务机构信誉评价制度、科技服务行业自律管理制度不够完善，导致珠三角各市在科技服务行业标准方面存在较大差异。

二是行业规范和标准有待完善。当前，珠三角地区科技服务机构认定标准和质量评估体系仍不健全，行业准入门槛较低，导致各类服务机构建设存在"散乱小"问题以及良莠不齐现象，制约了珠三角科技服务行业的规范化发展。

三是科技服务业从业人员资格认定和管理有待加强。目前，珠三角地区在科技服务行业既没有建立起规范的执业资格考核制度，也没有建立不合格人员的退出机制，从业人员的服务水平和服务道德不受管理和约束，导致从业人员素质参差不齐，服务水平难以保证并持续提升。

六、 业务发展模式过度依赖政府扶持

目前，珠三角科技服务业的服务模式大致可分为面向政府的政务服务和面向市场的科技服务，但在计划经济向市场经济转轨过程中发展起来的珠三角科技服务业"政府本位"色彩仍然绝对高于"市场本位"。

由于历史原因，珠三角地区许多科技服务机构"官办""半官办""官民合办"色彩较浓，面向政府的政务服务在比例上远高于面向市场的科技服务，导致这些机构对政府依附性强、独立性差，缺乏市场意识、竞争意识、服务意识，科技与经济的桥梁纽带作用未能有效发挥。据统计，珠三角地区近半数科技服务机构是事业单位法人，收入来源主要为财政拨款和政府的各类项目，业务发展模式严重依赖政府支持，面向市场的服务业务开拓不足，市场服务能力不强，难以满足企业专业化和多元化的服务需求。

本章小结

本章全面梳理了珠三角城市群科技服务业发展存在的问题，发现科技服务产业发展规模不足、科技服务机构种类不齐、城市间科技服务业发展不均、人才供给与服务需求匹配不佳、科技服务行业标准化程度不够、科技服务业务模式结构不合理是制约珠三角城市群科技服务业健康发展的重要因素，必须聚焦不足和短板，有针对性地推动问题解决。

第四章
促进珠三角城市群科技服务业高质量发展的对策建议

珠三角地区是广东省科技创新的核心区和主引擎，珠三角城市群优异的创新绩效离不开科技服务业的蓬勃发展和有力支撑，因此，促进珠三角城市群科技服务业高质量发展是在新形势下推动广东加快建设高水平科技创新强省、担当科技自立自强使命的重要工作抓手，应当从以下十个方面系统谋划并推进落实。

一、 培育发展新业态

（一）促进与新一代信息技术相融合

随着物联网、云计算、大数据、移动互联网、人工智能等新一代信息技术的升级发展，互联网加速向科技服务业渗透，科技服务业逐步呈现出需求个性化、内容知识化、数据智能化、服务平台化、资源配置全球化以及产业发展链条化的发展态势，不断催生出众包、众筹、众创、虚拟孵化器等新技术、新产业、新商业模式。因此，培育发展科技服务业新业态，必须要强化与新一代信息技术相融合。支持深入实施大数据战略，促进服务外包平台化、高端化发展。促进信息服务、研发设计等领域科技服务外包企业发展云外包服务，基于云平台和云模式针对用户需求提供标准化或定制化服务，形成全流程一体化服务模式，提高外包交付效率。支持大数据外包企业提供数据外包解决方案，帮助用户进行数据挖掘，促进外包服务领域向更复杂、更高知识含量的核心业务外包升级。鼓励"互联网＋新业态"的快速发展。支持加大开放实验室等软硬件基础设施建设，进一步推动政府部门数据向社会开放。支持发展开源社区、社会实验室、创新工场等互联网创新平台，为创客提供工作场地、设计软件、硬件设备和团队运营、资金扶持、产品推广等项目孵化服务。支持技术交易机构探索基于互联网的在线技术交易模式，提供信息发布、融资并购、公开挂牌、竞价拍卖、咨询辅导等线上线下相结合的专业化服务。支持研发服务机构探索多样化服务模式，积极发展基于"互联网＋"的研发设计资源共享、研发设计外包众包及社会力量参与互动的研发设计新模式。鼓励运用互联网平台开展科技金融服务，提升科技金融的服务能力和效率。

（二）推动产业融合发展

在世界新技术革命和国际产业结构升级的推动下，各业态跨产业和领域融合互动，不断衍生出新兴业态，产业融合已成为经济增长和现代产业发展的重要趋势。因此，科技服务业要借助科技创新手段，以产业融合带动新业态发展。建议支持积极探索与文化创意产业融合发展路径，通过改造提升传统产业的研发设计、生产制造与传播消费等各环节，为旅游、商贸、体育等相关产业开辟出全新的产业发展模式。积极推动文化产业与数字技术、电子信息和互联网等现代高新技术深度融合，初步形成门类齐全、品种丰富的文化新业态产业体系，涵盖数字内容、虚拟娱乐、创意设计、新媒体等主体领域。提高对重点文化领域的科技服务水平，培育一批特色鲜明、创新能力强的文化科技企业。加快推动科技服务业与制造业融合，引导大型制造企业通过管理创新和业务流程再造，逐步向技术研发、市场拓展、品牌运作的服务企业转型。鼓励制造企业剥离服务部门，以产业链整合配套服务企业，推进服务专业化、市场化、社会化。提高集群内制造业与科技服务业的相互协同及配套服务水平，通过在制造业集群内搭建金融、信息服务、研发设计等服务平台，围绕制造业集群构建区域服务体系，形成产业共生、资源共享的互动发展格局。支持建立制造企业、服务企业、高校科研机构的产学研创新体系和协同创新机制，加快科研成果的产业化，提高产品技术含量和附加值，使研发设计、信息技术等高端、高效、高附加值科技服务业成为推动产业结构优化升级的主要动力。

（三）加强对科技服务业新业态的引导和支持

建议各地政府根据实际出台扶持新业态、新产业的相关政策措施，创新新型业态行业准入制度，鼓励各类资本投资新业态。同时加大对企业发展引导扶持的资金力度，建议各级财政部门把新业态、新产业发展支持资金纳入各地的年度计划，重点向具有发展潜力和市场需求的企业提供补助及支持。拓展政府采购科技服务业新业态服务的领域，鼓励政府部门将科研众包平台建设、技术交易平台建设、技术交易协会（市场）运营等按市场化机制运作，由高素质、专业化运营团队经营管理。鼓励政府部门将可外包的信息技术服务、检验检测服务和人力资源服务等业务发包给新业态科技服务企业，实现服务提供主体和提供方式多元化。加大对典型科技服务业新业态的推广力度，充分认识服务业新业态对于促进经济发展的重要意义，邀请新闻媒体加大对新业态发展的宣传报道，组织新业态骨干企业开展专题推介活动。鼓励广东各地科技服务业集聚区在业态创新方面大胆尝试，率先探索开展业态创新。在科技服务业新业态领域开展应用示范，培育新业态服务市场需求。

二、 推进载体建设

（一）推动科技服务业集聚发展

科技服务业集聚区是科技服务业发展的新形态，是增强科技服务业集聚力和辐射力的重要载体，是提升科技创新综合实力的重要服务支撑，建设科技服务业集聚区意义重大。建议完善科技服务业集聚区建设的空间布局，研究制订科技服务业集聚区的建设规划、专项政策和认定管理办法，推进科技服务业集聚区建设。中心城市科技服务业集聚区重点发展研发设计、创意文化、服务外包、科技咨询等科技服务行业。县城科技服务业集聚区重点发展现代物流、科技孵化、大宗科技服务产品交易等产业，积极承接中心城市科技服务产业转移，培育特色主导产业。探索制定科技服务业集聚区建设指引，从科技服务业集聚区建设目标、建设内容、建设重点等方面制定相对完善的科技服务业集聚区建设指引方案，引导各地建设科技服务集聚区。开展科技服务业区域和行业试点示范，支持广州、深圳建设省科技服务业发展示范城市，依托粤港科技创新走廊、穗莞深科技创新走廊打造一批特色鲜明、功能完善、布局合理的科技服务业集聚区，形成一批具有国内影响力的科技服务业集群。推动专业科技服务集成化发展，支持建设技术转移集聚区、研发园区、创业孵化园等创新服务功能集聚区。鼓励科技服务业发展基础较好的区域积极探索科技服务业集聚区建设和运营模式，推进集聚区多元化发展。鼓励科技服务业集聚区积极培育和引进科技服务机构，引导科技服务机构广泛参与本地科技服务业发展。

（二）发挥粤港澳大湾区核心载体作用

打造粤港澳大湾区是响应国家"一带一路"倡议的重要举措，也是泛珠三角地区创新驱动的重要引擎。因此广东科技服务业的发展要紧密对接粤港澳大湾区的建设，发挥香港和澳门的现代服务业优势，带动广东科技服务业的发展，从而推动粤港澳科技创新资源向产业链高端集聚。建议深化粤港澳科技创新合作，积极争取国家授权广东在与港澳科技合作发展方面先行先试。充分借鉴香港科技园公司在科技园区开发管理、企业引进、科技孵化服务等方面的先进经验，推动科技创新园区发展。支持在广东设立面向"一带一路"的国家级科技成果孵化基地，承接和孵化港澳科技项目，推动合作共建科技成果转化和国际技术转让平台。建议引入香港科技应用创新模式，推动粤港澳科技联合创新和港澳重大科技成果在广东实现产业化，发展广东先进制造和电子信息业，提高科技的产业转化率，打造泛珠三角产业转型升级新平台。

三、 加强体系建设

（一）加快发展科技服务业重点领域

广东省制造业正在从组装、加工式的制造环节向上游的研发、设计环节和下游的销售、服务环节延伸，进而逐步完成从"广东制造"向"广东智造"的转变。这一转型过程将激发出企业大量的科技服务需求，因此科技服务业应从制造业全产业链和创新链的每一个环节切入，提供不同细分领域的服务。建议重点发展研发设计、知识产权、创业孵化、技术转移、检验检测、科技咨询、科技金融等科技服务领域，推动制造业向设计、制造、服务一体化的网络结构转型，从而占领价值链的高端环节。

（二）完善科技服务协同创新体系

在市场经济条件下，面对激烈的市场竞争，产学研协同创新主体对新科技的需求复杂多样，建立健全社会广泛参与的平台体制机制，推进各创新主体根据自身特色和优势，探索多种形式的协同创新模式。支持高校、科研院所、科技服务机构围绕全省支柱产业和战略性新兴产业的创新发展需求，以市场为导向，建立覆盖创新链全过程的产业协同创新平台。鼓励科技服务机构与商务、法律、标准、金融、会计等各类服务机构合作，提供综合性、社会化科技服务，强化服务竞争优势。促进服务机构间的业务协同、服务机构与产业集群间的供需协同，探索应用研发、技术转移、创业孵化和科技金融相结合的新型服务模式。加快生产力促进体系和创新驿站站点建设，建立覆盖全省的服务要素快速流动、服务网络开放共享的科技服务网络体系。营造开放环境，促进参与机构的多样化。在全社会营造勇于创新、宽容失败的创新文化氛围，为创新驱动发展战略的实施提供坚强保证。

（三）发挥行业协会及战略联盟作用

行业协会和战略联盟是推动科技服务业发展与实现有效内部治理的重要资源

信息共享平台，通过组建行业协会和战略联盟，能够有效促进科技服务业内部、科技服务业和制造业之间开展多种形式的有效合作，实现互补互促、融合发展。建议加强行业协会建设，扶持发展一批在省内具有广泛影响力的科技服务业行业协会；鼓励各类科技服务组织围绕广东特色产业发展建立行业协会。强化行业协会职能作用，充分发挥行业协会的组织、协调、服务和监管职能，依托行业协会推进科技服务业行业调查、行业统计、行业自律、行业规划以及行业标准制定、行业执业资质考核等工作。推进战略联盟建设，提升机构服务层次和水平。营造有利的政策环境，引导和支持科技服务机构以国际化、高端化发展为目标，建立跨区域、跨领域的科技服务战略联盟，依托联盟集聚资源、协同发展，提升科技服务机构建设水平；围绕广东主导产业转型升级需求，推动科技服务机构建立以技术、专利、标准为纽带，组织模式多样化、运营机制市场化的科技服务联盟，为产业创新发展提供科技支撑。

四、 提高服务能力

（一）培育发展科技服务机构

充分发挥市场在资源配置中的决定性作用，强化政策扶持，按照"服务专业化、管理规范化、发展规模化"的要求，培育一批服务能力强、水平高、效益好的科技服务机构。建议一是引入竞争机制，加强骨干科技服务机构科学化管理。通过研究制定省级科技服务机构管理办法，定期对国家级及省级生产力促进中心、国家技术转移示范机构、广东省科技服务业百强机构等骨干机构开展绩效评估，评估结果优秀、良好的机构给予一定的扶持资金，用于加强机构能力建设。二是扶持发展新型科技服务机构。鼓励发展创新创业创富相统一、产学研一体化、运作机制市场化、科研团队国际化的新型科研机构；鼓励科技服务机构集成资源，以科技服务为交易主体，建立融合电子商务等现代商业模式和新一代信息技术的新型科技服务组织；支持科技服务机构加快知识创新、技术创新、管理创新和业态创新，推动众创空间、开放平台、众包服务、用户参与设计、大数据分析、新媒体营销等新技术、新模式、新应用的发展。三是推进全省生产力促进体系建设。支持生产力促进中心积极探索传统服务业态转型升级的新路径，开展基于技术集成创新、商业模式创新的科技咨询和知识服务。

（二）实施科技服务品牌发展战略

制定科技服务品牌战略和规划，大力培育和发展服务能力强、服务水平高、社会影响力大的科技服务机构，引导科技服务机构向专业化、高端化、国际化发展。推进科技服务机构树立品牌意识，突出主导业务，凸显自身特色，增强品牌意识，提高核心竞争力。引导科技服务机构通过并购或外包方式做大做强，大力培育和发展龙头科技服务机构，打造科技服务业高端品牌。继续组织开展广东省科技服务业百强机构的认定工作，突出骨干科技服务机构示范效应，促进行业整体服务质量和水平的提升。依托国家级技术转移示范机构、国家级示范生产力促进中心、广东省科技服务业百强机构等骨干科技服务机构，推动建设一批具有国际影响力的服务品牌。支持粤东西北地区科技服务机构利用自身优势培育特色鲜明的核心业务，做大做强做成行业性或区域性服务品牌。

（三）提升科技服务业创新能力

以提升科技服务机构的科学水平和技术能力为目标，组织开展支撑科技服务业创新发展的共性关键技术攻关与应用示范，促进科技服务手段创新和服务效能提升。支持在研究开发、检验检测、信息服务、工业设计等领域，建设一批国家重点实验室、国家工程（技术）研究中心，提高服务业创新能力。支持研究科技资源池构建、科技资源数据分析、科技资源精准服务、分布式科技资源空间优化与配置、开放式科技云服务系统等关键核心技术，构建分布式专业服务体系。支持行业技术标准、专利分析预警、数据挖掘、信息处理、科技评估、产业生态评估、企业管理和战略咨询、企业诊断等具有自主知识产权、面向行业特定需求的公共服务技术的研发。支持基于全流程、模块化服务管理的信息化系统开发与应用。支持食品药品安全、社会公共安全、节能减排等民生民安领域共性关键检测技术和仪器设备的研究开发，提升检验检测机构的检测能力和水平。支持云计算、大数据、移动互联网等新一代信息技术的研究开发，为推进服务手段信息化、发展壮大综合科技服务提供技术支撑。支持开展科技人才、科技成果、科研设备、科学数据库、科技文献资源等科技资源的信息化数据接口、数据加工、数据共享等标准化研究与应用，推进科技资源共享与互联互通，提高科技资源利用率。

五、　加强政策支持

积极借鉴发达国家及地区的经验，构建法律定位清晰、监督管理完善、市场竞争平等的法律环境，研究制定促进科技服务业发展的政策举措，引导各地政府找准定位、因地施政，建设跨地区或具有行业特色的科技服务体系。

（一）完善政策法规

完善由知识产权法案、反垄断法、资本市场规范法、研发和技术转让政策等组成的法律法规体系，通过明确各类科技服务机构的法律地位、权利义务、组织制度和发展模式，形成法律定位清晰、政策扶持到位、公平有序的发展环境。进一步完善科技服务业市场法规和监管体制，有序放开科技服务市场准入，规范市场秩序，明确科技服务行业标准，完善技术经理人执业证书的获取、管理、退出规定，加强对行业内的机构以及从业人员的约束，健全科技服务机构信用体系建设，构建统一开放、竞争有序的市场体系。

（二）加大税收优惠政策落实力度

认真落实科技服务业税收优惠政策，对认定为高新技术企业、技术先进型服务企业的科技服务机构，减按15%的税率征收企业所得税；其职工教育经费支出不超过工资薪金总额8%的部分，准予在计算应纳税所得额时扣除。根据财政部、国家税务总局、科技部《关于完善研究开发费用税前加计扣除政策的通知》（财税〔2015〕119号）要求，落实好科技服务费用税前加计扣除政策。确保符合条件的科技服务机构的税收优惠落到实处，支持科技服务机构发展。

（三）加大政府采购科技服务的力度

拓展政府采购科技服务的领域，将科技服务业重点产品和服务纳入自主创新产品政府采购范畴，鼓励政府部门将可外包的信息资源服务、检验检测服务、科技中介服务等业务发包给专业服务企业，实现服务提供主体和提供方式多元化。

六、 优化发展环境

厘清政府市场关系，充分发挥市场对科技服务各要素配置的决定性作用，利用市场方法、按照市场规则助推科技服务业各要素在更大的范围内自由流动，释放服务能量，提高服务效率。

（一）加快政府职能转变和简政放权

将一些技术性和事务性较强的公共管理工作，以政府购买的方式转移给有条件、有能力的科技服务机构或企业承担，同时进一步减少政府行政审批事项，简化审批环节，提高行政效率。

（二）建立多元化的投入机制

鼓励和引导社会资本参与国有科技服务机构改制，促进股权多元化改造，支持企业、高等院校、科研机构和广大科技人员创办科技服务企业。加快培育科技服务事业单位的核心业务能力，推进具备条件的科技服务事业单位市场化、企业化经营。

（三）加强宣传推广

加强对试点示范工作的指导和推动，各地方各部门定期交流好经验和好做法，对可复制、可推广的经验和模式及时总结推广。各级科技管理部门要加强对科技服务业政策的贯彻宣传，营造开放环境，调动和增强社会各方面参与的主动性、积极性，充分利用微博、微信、网络、电视、报刊等信息平台，广泛听取社会各界对科技服务业发展的意见建议。

七、 强化资金投入

充分发挥政府在投入中的引导作用，强化科技金融结合对科技服务业的支撑，引导社会资本和外资投入科技服务业，进一步拓展科技服务业融资渠道，形成社会化、多元化的资金投入体系。

（一）建立健全科技创新投融资机制

引导银行信贷、创业投资、资本市场等加大对科技服务机构的支持，支持科技信贷专营机构为科技服务机构设立优惠信贷融资政策，鼓励创投机构积极投资科技服务机构的建设发展，支持科技融资担保机构开发适合科技服务机构的担保新品种，探索阶段参股、跟进投资、风险补偿、绩效奖励等方式，引导资金重点投向科技成果转化和初创期科技企业。鼓励支持天使投资、众创众筹平台等各种社会资本资金的投入。

（二）创新财政资金的投入方式

改革和完善支持科技服务业发展的社会风险投资体系、融资担保体系，实施积极的财政税收政策。探索知识产权质押贷款等新型贴息扶持政策，支持各金融机构扩大科技服务业质押物范围。支持建立科技服务业财税、产业、科技政策综合试点园区，并对符合产业和科技政策引导的企业予以一定的财政补贴。

（三）积极发挥财政资金的杠杆作用

设立科技服务业发展专项资金，支持科技服务机构提升专业服务能力、搭建公共服务平台、创新服务模式。加大科技型中小企业创新基金对科技服务机构的支持范围和力度，充分利用国家科技成果转化引导基金、中小企业发展专项资金和地方科技服务业发展专项资金，积极探索以政府购买服务、"后补助"等方式支持公共科技服务发展。

八、 深化国际合作

发展科技服务业，要善于利用国内和国外两种资源、两个市场，积极参与国际经济合作与竞争，进一步促进对外开放，提升科技服务业的发展水平和国际竞争力。

（一）支持科技服务机构"走出去"

鼓励并支持有条件的企业通过海外并购、联合经营、设立分支机构等方式开拓国际市场，提供联合研发、技术转移、知识产权、产品推广等服务，扶持科技服务机构到境外上市，实现企业经营模式和资源配置方式向全球化转变。研究制定促进企业开展境外投资的支持政策，在国际并购、外汇管制等方面采取便利化措施，大力完善"走出去"服务支持体系。

（二）提升国际合作水平

要注重提升与国外高端服务供应商合作的水平，促进广东科技服务业的技术引进、管理创新，提升广东科技服务业的发展质量和发展速度。实施国际科技合作提升行动计划，重点加强与美国、欧盟、以色列等创新型国家或地区的合作，建立国际产学研创新联盟。推动科技服务机构牵头组建以技术、专利、标准为纽带的科技服务联盟，开展协同创新。引导国际知名企业在广东设立研发机构，开展产品设计、研发等高附加值创新活动。支持广东科技服务业机构参与国际标准制定，推动广东科技服务业自主标准国际化。

（三）深化粤港澳科技合作

抢抓粤港澳大湾区国际科技创新中心建设契机，充分发挥港澳高校、科研机构和中介服务机构在创新能力方面的优势，加强高质量科技服务供给，依托横琴、前海、南沙等重大战略平台深化粤港澳科技服务合作，加快打造面向港澳的国家级成果转化和创新创业基地。

九、　实施人才战略

科技服务业的发展需要高素质服务人才支撑，因此要结合科技服务业快速发展的实际需求，多层次、多渠道培训和引进各领域专业化、特色化人才，促进各项人才政策向科技服务业的倾斜，构建强有力的人才支持体系。

（一）建立学历教育和职业培训相结合的人才培养体系

引导省内高校设立科技服务业相关专业，开设科技服务相关课程作为选修课，从教育阶段开始，有重点地培养本科、研究生等不同层次的专业人才，扩大人才培养规模。在基础条件良好的高等院校和高科技现代服务企业中，建立一批科技服务业人才培养基地，为科技服务业发展培养一批懂技术、懂市场、懂管理的复合型科技服务高端人才。支持和引导大学、研究院所、服务机构、社会组织等合作成立科技服务社会教育组织，对科技服务业从业人员进行培训、认证和辅导。依托全省生产力促进体系打造人才引进、培训服务平台，组织开展科技服务机构管理人员和专业技术人员的业务培训，为企业及社会培训各类科技服务人才。

（二）加强高端人才的引进

完善高端人才引进机制，充分利用各类人才引进计划和扶持政策，有计划、有目的地引进科技服务领域重点产业的国内外科研领军人才和高层次经营管理人才，将引进科技服务创新团队纳入广东省引进创新科研团队专项资金支持范围，重点引进国内顶尖水平、国际先进水平的科技服务创新团队。加强创新创业平台建设，建立人才柔性流动机制，为高层次科技服务人才来粤创新创业提供良好的发展环境。

（三）加强科技服务业从业资质认定与管理工作

研究制定科技服务业职称评聘制度，建立包括培训、考核、认证、资格管理等各项内容的科技服务业人才认证体系，引导行业协会建立和完善技术经理人、科技咨询师、评估师、信息分析师等人才培训与职业资格认定体系，引导科技服务业形成一批支撑行业发展的骨干队伍。

十、 加强管理服务

建立科技服务业管理工作推进机制，加强对科技服务业工作的规划、指导和服务，在强化理论研究的基础上，推动科技服务业标准化建设。

（一）加强组织管理

加强对科技服务业工作的统筹协调，强化省、市、县三级科技管理部门的科技服务业管理工作，以推动技术转移和成果转化为主线，完善科技服务业组织管理和服务体系。探索建立跨部门合作协商机制，鼓励地方科技部门、高新区、产业园区等建立科技服务业规划工作管理机构，注重发挥相关协会、学会、联盟对科技服务业的支撑作用，以行业组织建设推动科技服务业的市场规范和行业进步，共同支持和推进广东科技服务业的发展。

（二）加强规划研究

开展广东省科技服务业政策环境、技术环境、经济环境、人文环境、教育与人才环境等环境分析研究，以及发展模式、体制机制等理论研究，为科学指导和制定扶持政策提供依据。加强科技服务业中长期发展战略和规划研究，开展科技服务业发展顶层设计，为推进科技服务业持续健康发展提供理论参考。加强科技服务业各行业领域研究，为分类指导各行业领域发展提供决策支撑。

（三）建立健全科技服务标准体系

以持续改进原则，强化市场对配置资源的决定性作用，坚持政府引导、企业主体、市场导向的战略取向，科学开展科技服务标准的综合政策设计与制度安排。加强科技服务业标准化机构和组织的公共服务能力与服务标准信息平台建设，推动设立科技服务业标准化技术委员会，逐步建立起集科技服务业标准采集、加工、研究、培训、服务、交流于一体的科技服务业标准化公共服务体系和服务平台。充分发挥行业协会、技术委员会等民间组织的优势和资源，逐步建立层次分明、权威高效的科技服务标准宣贯和培训体系。引导企业积极借鉴与采用发达国家和地区的标准体系，面向科技创新和经济建设的主战场，重点加强涉及广东乃至国家核心竞争力的重要领域和关键环节的科技服务标准化工作。

本章小结

本章围绕在新形势下推动珠三角城市群科技服务业高质量发展目标，聚焦解决珠三角城市群科技服务业发展存在问题，从培育发展新业态、推进载体建设、加强体系建设、提高服务能力、加强政策支持、优化发展环境、强化资金投入、深化国际合作、实施人才战略、加强管理服务十个方面出发提出了具体对策建议，以期为珠三角城市群科技服务业高质量发展提供助力。

资源

建设篇

第五章
创新链与科技服务链共生耦合机制

随着创新驱动发展战略的实施，科技服务进入新的历史发展阶段，在国家创新体系中的地位日益突出，从体系而非机构的角度看待科技服务已成为一种趋势。其中，如何利用科技服务体系有效链接国家创新体系中的其他子体系，如何围绕创新链优化、布局科技服务等，有待进一步研究。因此，从创新链与科技服务链共生耦合的角度探究新形势下科技服务与创新直接的关系作用机制，具有重要意义。

一、 创新链结构分析

（一）创新链的内涵与外延

目前国内关于创新链的定义主要从过程视角、知识创新视角两个角度来展开。从过程视角来看，创新链是指创新的过程或科技成果转化的全过程；从知识创新视角来看，创新链是从科学技术知识到经过技术创新环节实现产业化的过程，它围绕一个核心主体，基于市场需求的导向，将相关创新主体通过知识创新活动连接起来，是一种以知识的经济化过程与创新系统优化为目标的功能链结构模式。

由于创新链是围绕创新的全过程来展开的，因此对于创新链的理解需要先理解创新。创新是不仅要开发新的科学知识与技术，还要将这些知识技术转化成生产力，并将之产业化扩散的过程。由此，创新不仅是一个技术范畴，更是一个经济范畴。基于以上的认识，我们认为，创新链是由创新的起点开始，经历多个环节和多种主题，直至取得最终成果并实现商业化的全过程；这一过程涉及基础研究、应用研究、设计开发、试制改进、生产销售、产业化扩散等多个时间序列环节，以及政府、企业、高校、研究所、中介、用户等多个主体；这些环节和主体在时空上构成一个开放的、复杂的网络链条，即创新链。

（二）创新链的结构特征

从定义来看，创新链主要有四个特征：一是以技术演化为依托，即创新链要依托并遵循适者生存的这种技术演进方向，来实现创新；二是以组织创新为核心，即创新链是将多个组织或个体联系起来，从而形成松散组织，所以创新链本身就是一种组织创新；三是以开放协调为机制，即创新链作为松散组织，需要通过开放协调来加强链内成员之间的合作关系和资源共享等，以确保其良好的运作；四是以竞争优势为目标，即创新链将有助于各类主体通过合作来获取竞争优势，以便在市场竞争中胜出。

由于创新活动的复杂性与创新链主体构成的多元性，创新链并不是单一化的从高校、研究所到企业再到用户的线性链条，而是由各地区各级政府、各类高校和研究院所、各类企业、各类科技金融等服务机构、各类行业协会以及咨询公司等社会组织组成的网状链条。这些链条并非单向联系，而是具有反馈性的循环链条。此外，该链条还呈现主体构成多元化、主体关系协作化、链条资源共享化的特点。

（三）创新链的功能分割、空间分离与集聚发展

在功能视角下，创新过程一般要经过基础研究、应用研究、设计开发、试制改进、生产销售等多个步骤，所形成的结构即创新价值链（见图5-1）。起初，创新价值链主要发生在单个企业内部。随着开放式创新的兴起，越来越多企业选择把非核心环节外包，使得创新价值链越来越多地出现于跨企业的合作中。如20世纪七八十年代，欧美IT企业负责核心技术和产品研发，然后交由台商企业代工生产。根据比较优势，企业间形成不同的分工，出现了专业的技术开发商、

制造商、营销服务商等。技术开发商把创新知识传授给生产制造商，生产制造商通过生产把创新知识物化，接着，交由营销服务商把创新产品推向消费者，让消费者了解新产品，引导消费者消费。在这个过程中，创新本身相当于供应链中的商品，"上家"（上游主体）是"下家"（下游主体）的创新供应者，"下家"既是创新需求方，又会对创新作出反馈，让"上家"根据反馈不断改进，形成再创新。如图5-2所示，单向箭头表示创新的流向；双向箭头表示各参与主体不仅仅寻求自身创新，还会相互反馈，使创新链以最短的时间、最低的成本，把最适当的创新产品提供给需要的客户。

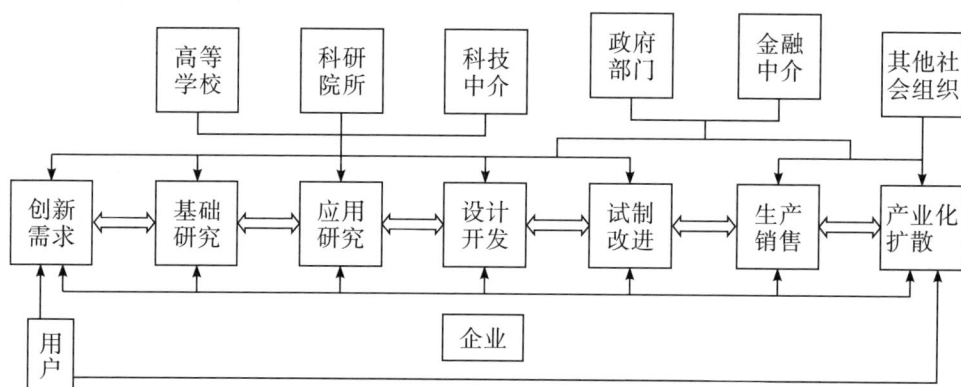

图5-1 创新价值链结构

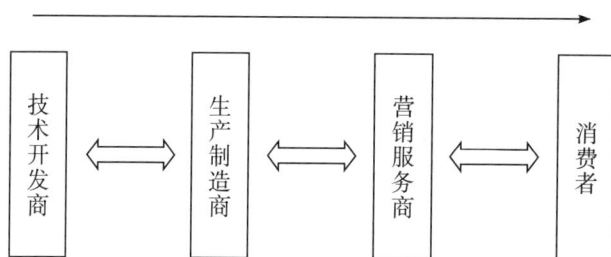

图5-2 创新供应链结构

创新链的功能分割主要表现在创新的上游阶段（与技术相关阶段）和下游阶段（与市场相关阶段）相互脱离，未形成反馈循环。创新链强调的是创新过程的交互性，即重视反馈作用在创新的上游阶段和下游阶段所扮演的重要角色，以及发生在企业内部及企业之间的科学、技术和与创新相关的活动之间的大量交互作用。在我国，创新链的功能分割往往是由于研究课题以政府项目为导向，而与市场需求脱节所导致的。我国科研项目主要由政府主管部门制定和分配，在此过程中少数技术权威具有较大发言权，而产业部门对此影响较小。当前行政主导的项目管理机制同时受到科研机构和企业的质疑，科研机构认为申请项目花费精力太多，同时也扼杀了个人研究兴趣；企业认为，我国科研项目存在研究内容与市场需求脱节现象，导致很多研究成果不具备市场应用价值。

在空间视角下，创新链主要表现在以下几方面：一是企业内部各创新环节之间的空间联系，如微软研发基地，从西雅图到硅谷，再到都柏林、班加罗尔、北京等；二是企业与企业之间的空间联系，如从英特尔在美国硅谷的 IC 设计，到台积电、台联电等在台湾新竹的 IC 代工，再到宏碁、联想等在两岸各地的 PC 制造等；三是企业内外复合型空间联系，如图 5 - 3 所示的某产品创新链的空间结构；四是区域与区域之间的空间联系，尤其是区域创新能力所呈现出来的梯度分

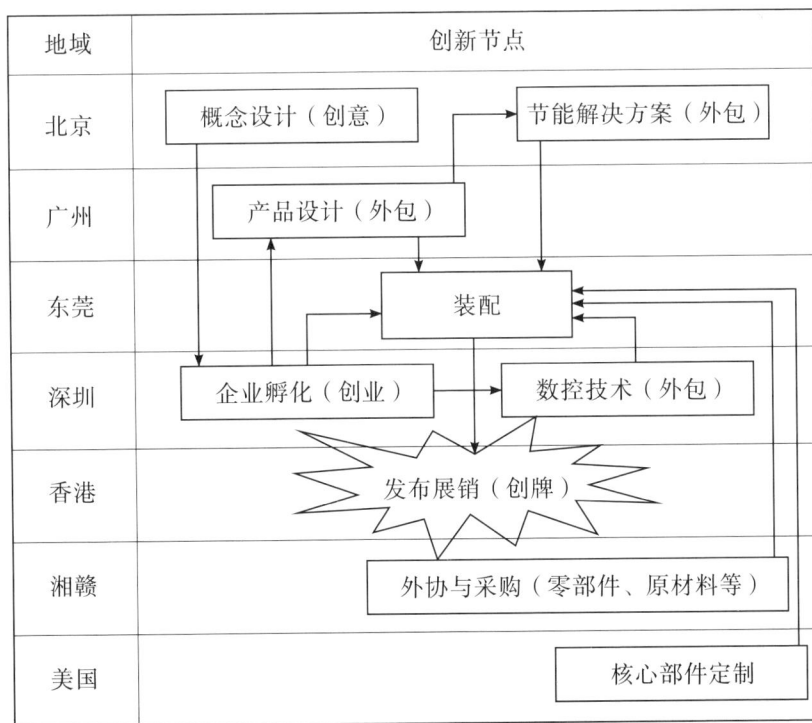

地域	创新节点
北京	概念设计（创意）　节能解决方案（外包）
广州	产品设计（外包）
东莞	装配
深圳	企业孵化（创业）　数控技术（外包）
香港	发布展销（创牌）
湘赣	外协与采购（零部件、原材料等）
美国	核心部件定制

图 5 - 3　某产品创新链的空间结构

布格局：一方面，区域创新能力呈"内高外低"之正态分布趋势（见图5-4：核心区创新能力最高，近核区次之，边缘区最低）；另一方面，创新成果渐次由内向外辐射、扩散或转移。因拥有核心竞争力、自主知识产权和自有品牌的"龙头"企业是创新链的核心主体，所以，这类核心主体聚集的发达地区（或国家、城市）也就成了空间上的创新核心区。创新核心区是创新链的"主域"，因其居于产业结构和产业链的"高端"而引领经济发展并"稳享"高附加值。于是争夺创新核心区的地位也就成了当今区域（城际、区际、国际）竞争的焦点。

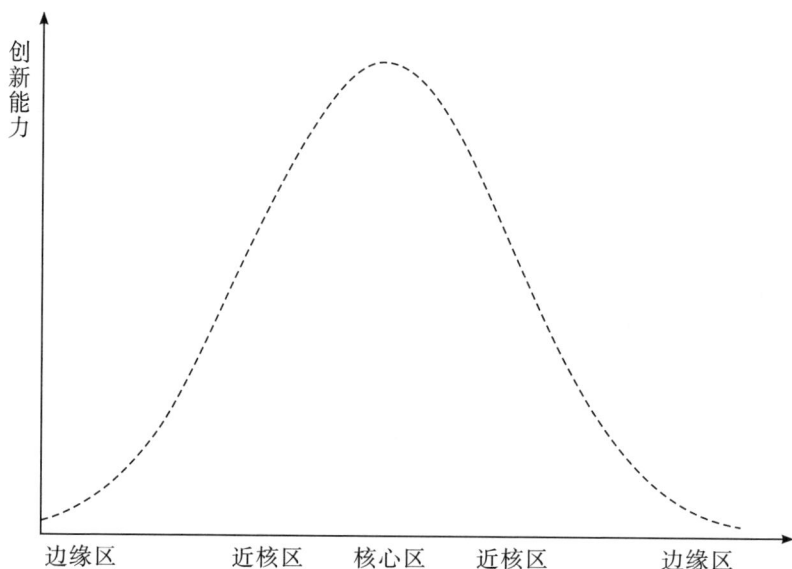

图5-4 区域创新能力之正态分布趋势

二、 科技服务链结构分析

（一）科技服务链的内涵与外延

对于科技服务业的内涵，官方的表述一直在演变发展，由此也可以看到科技服务业的发展进程。1992年8月，原国家科委发布《关于加速发展科技咨询、科技信息和技术服务业的意见》，将科技服务业定义为科技咨询、科技信息和技术服务业的统称。广东是最早提出大力发展科技服务业的省份之一，2012年印发的《广东省科技服务业"十二五"发展规划纲要》将科技服务业定义为"在研究开发链和科技产业链中，不可缺少的服务性机构和服务性活动的总和，主要包括研究与试验发展、专业技术服务、科技交流和推广服务、新兴科技服务等领域"。"十二五"期间，随着经济社会的快速发展，社会对科技服务的需求迅速增长，科技服务业的含义也随之拓展和延伸，科技部将科技服务业重新定义为：科技服务业是为科技创新全链条提供市场化服务的新兴产业，主要服务于科研活动、技术创新和成果转化。

随着创新驱动发展战略的深入实施，"大众创业、万众创新"的时代已经来临，传统意义的实验室边界和科技创新活动边界正在消融，科技创新正在经历一个从封闭到部分开放再到全面开放、从单向到多向到循环互动的过程，人人都是创新主体的社会创新模式将逐步替代传统的科技创新模式。科技服务业主要是为了促进科技进步和提高国家科技创新能力，服务对象主要是科技研发机构、科技需求和使用单位，服务的手段主要是利用科技和知识，也具有明显的"科技"特征。基于科技服务业服务对象和服务手段的科技性，再结合已有研究成果，我们认为，科技服务业是指运用现代科技知识、技术和信息等，围绕社会创新各环节提供专业化、社会化服务的新兴产业，是在一定区域内为加快科学技术创新和促进科技成果转化而提供专业化、社会化服务的所有企业或机构的总和。

（二）科技服务链的结构特征

科技服务链指科技服务业产业链，由围绕创新链各个环节提供的各项服务活动组成，具体是指为科技成果从研究开发到技术转移和推广，最后实现产业化整个链条各个环节提供专业科技服务和综合科技服务的总和。与其他行业的产业链相比，科技服务业的产业链较长，因为科技成果从研发到落地是一个漫长的过程，其中包括很多环节，每一环节产生的需求都相应地衍生出大量的科技服务业务，进而形成了一个体系完整的链条（见图5-5）。但是，从价值链上看，科技服务业推动着科技发展和经济增长，在很大程度上反映了国家和公民的长期利益，因此价值体现具有一定的滞后性。

科技服务链的上游环节主要包括以科学研究与试验发展为核心的基础研究、

应用研究、自然科学研究与试验发展、工程和技术研究与试验发展、农业科学研究与试验发展、医学研究与试验发展等服务。

科技服务链的中游环节主要是指为研究与试验发展活动产生的新技术、新工艺、新产品能顺利投入生产，或者解决实际应用中存在的技术问题而进行的系统性活动，具体包括技术开发服务、技术转让服务、技术服务与技术咨询服务、技术评价服务、技术投融资服务、信息网络平台服务等。

科技服务链的下游环节主要是围绕科技成果产业化以及企业创新创业展开的，重点包括产品设计服务、创业孵化服务、检验检测服务、科技金融服务、专业科技服务等。

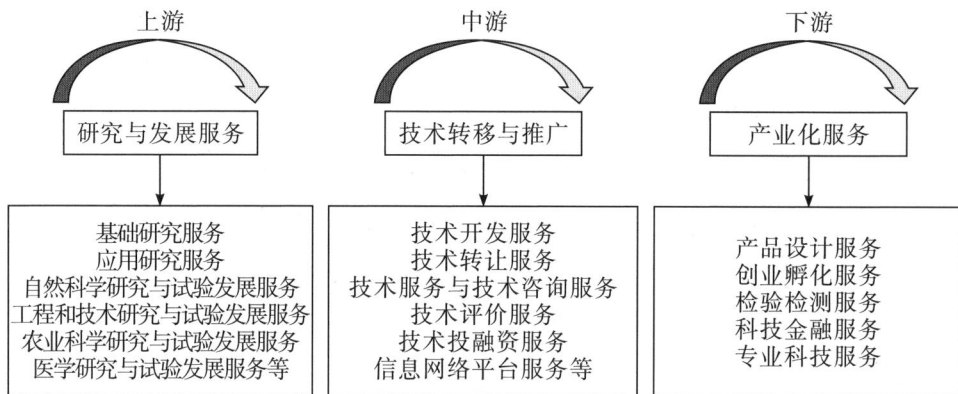

上游	中游	下游
研究与发展服务	技术转移与推广	产业化服务
基础研究服务 应用研究服务 自然科学研究与试验发展服务 工程和技术研究与试验发展服务 农业科学研究与试验发展服务 医学研究与试验发展服务等	技术开发服务 技术转让服务 技术服务与技术咨询服务 技术评价服务 技术投融资服务 信息网络平台服务等	产品设计服务 创业孵化服务 检验检测服务 科技金融服务 专业科技服务

图 5-5　科技服务链结构

（三）科技服务链的功能分割、空间分离与集聚发展

在功能视角下，科技服务链上中下游的科技服务机构相互依赖、相互融合、环环相扣，只有科技服务链上一层次的价值实现了，价值产出作为原始投入加入下一层次的转化过程中，创新资源要素才能顺利流动，最后使创新链和科技服务产业链价值最大化。尽管割裂来看，科技服务链的每个阶段都能获得不少利润，但是作为创新流动过程的"黏合剂"和"润滑剂"，最重要的任务应该是确保创新链价值完整实现，这样才能从根本上加速科技进步，为社会发展服务。

在空间视角下，科技服务业的集聚发展具有一定的理论和实践基础。理论上，交易成本的下降、规模经济和产业集中化发展理论为集聚现象的产生提供了理论支撑。在实践中，首先，服务业比重不断加大。目前世界主要发达国家的服务业占 GDP 比重达到74%左右，中等收入国家达到55%左右，意味着服务业已经成为带动经济稳健增长的重要支撑，服务业提升发展有着非常广阔的空间。科技服务业是现代服务业的重要组成部分，科技服务业已呈现集聚发展的态势。其次，专业化分工更细。由于现代服务业分工的细化和专业合作的紧密，从而使现代服务业集群化发展的产业链向上或向下扩大，企业向某一特定区域的集聚，专业化协作更强。最后，区域性资源为集聚提供可能。科技服务业具有高科技知识与技术密集的特点。在一个区域中的大学和科研院所的周围通常存在着资金、人才和技术资源的优势，这些高端资源集聚了大量的科技服务企业，它们共同构成了高技术产品研发、孵化、成果转移转化、科技金融等互相配套的科技服务集聚区。

三、 创新链与科技服务链共生耦合机制

（一）双链的共生耦合内涵

创新链与科技服务链的关系是创新生态系统背景下的一种共生耦合关系：就主体而言，创新主体与服务主体之间的关系是共生关系；就活动而言，创新环节的活动与服务环节的活动表现为不同程度的耦合。共生耦合关系是一种动态演化关系，不同阶段的共生类型和耦合程度都不相同。这意味着，要强化科技服务在创新中的作用需要做到：一是要在主体上强化创新主体与科技服务主体的共生；二是要在活动上提高两者的耦合程度；三是要营造有利于两者共生耦合的外部政策环境。政府在创新生态系统中发挥着协调两链主体共生、促进两链活动耦合的作用。因此，创新链、科技服务链和政府共同构成一个创新生态系统。

图 5 - 6 中，服务主体与创新主体之间的双向关联箭头表示两个主体之间存在共生关系；服务环节与创新环节之间的箭头表示两个环节的活动发生耦合；政府方框表示政策环境和基础设施平台。整个创新生态系统的内在逻辑关系是：创新主体与服务主体之间存在共生关系；不同的创新环节与服务环节的活动具有不

同的耦合程度；政府通过运用多种政策工具和建设平台来影响两类主体的共生，促进两类活动的耦合。

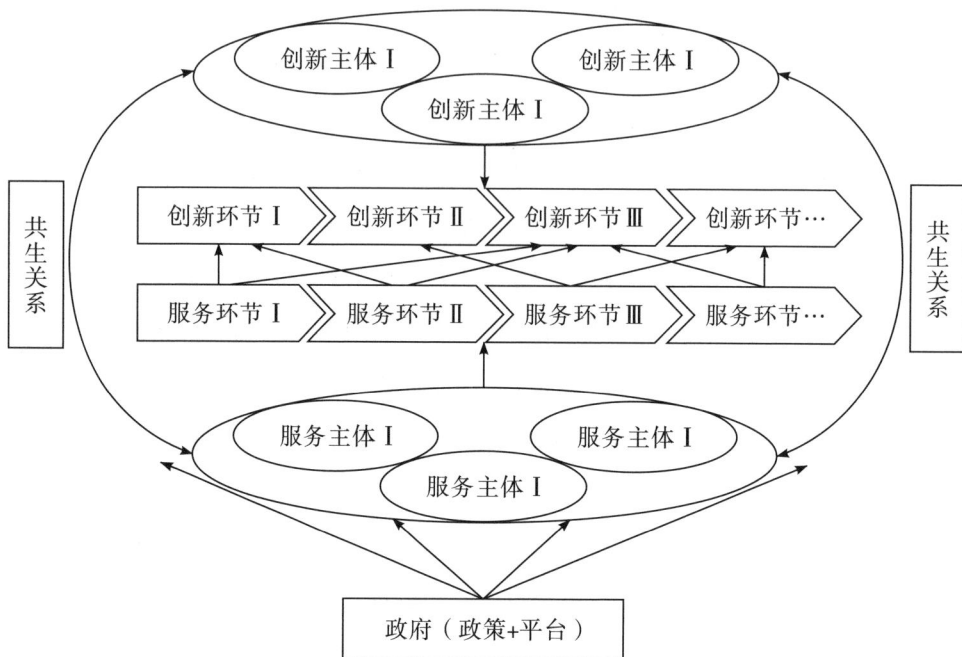

图5-6 创新链—科技服务链的共生耦合内涵示意图

（二）双链的共生耦合机理

随着创新活动专业化程度的不断提高，科技服务成为创新生态系统的重要组成部分，扮演着创新活动的催化剂和黏合剂的角色，科技服务在促进不同创新主体间的知识创造和转移、提升创新体系整体效率方面发挥了重要作用，这导致创新主体对科技服务的依赖性大大增强，创新主体需要科技服务的支持才能完成全过程的创新活动。此时，创新主体和服务主体处于彼此需要、不可分离的"互利共生"状态，达到二者的共生耦合。（见图5-7）

科技服务链上游企业群落服务创新链的创新技术研发和成果转化。在创新价值曲线中，这两个阶段位于第一高峰，表明其赋予产品极高的附加值，是科技服务业发展的能源和动力。

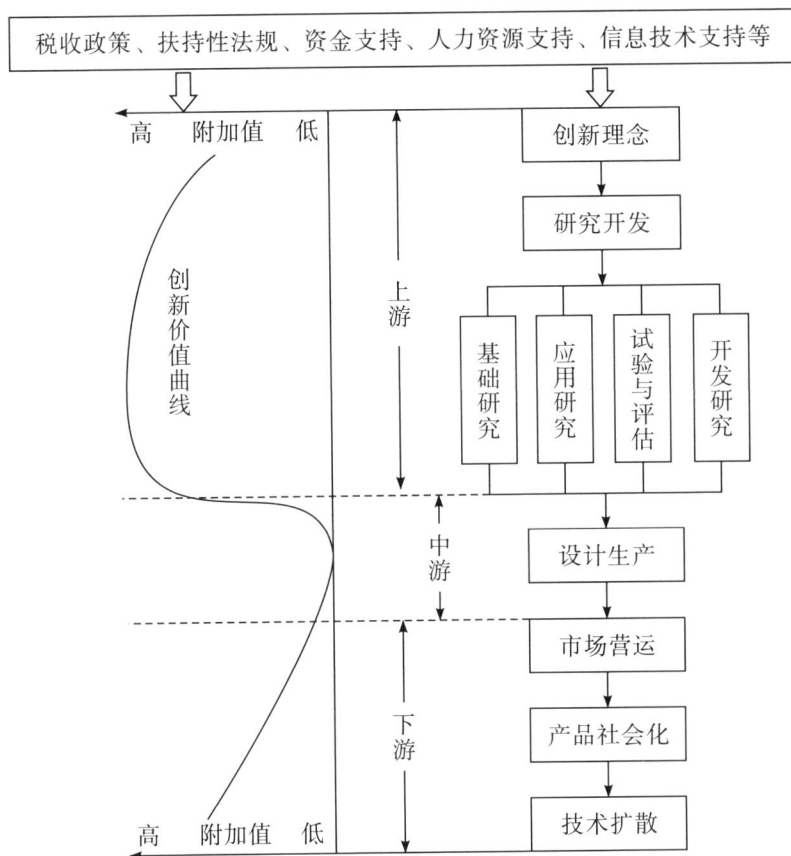

图 5-7 创新链—科技服务链的共生耦合机理

科技服务链中游企业的创新链节点在创新价值曲线中位于低谷，但对整个科技服务链而言却是最为重要的环节，这一环节如果没有发展好，创新成果将无法成为产品，只能以未成熟技术或是未完善成果形式被搁浅。这一阶段，创新成果需求方在科研部门和科技孵化器的支持下，对科技成果进行再加工和再设计，使成果更加符合市场需求。随后，在科技金融机构、生产力促进中心、技术培训中心等的帮助下完成资金筹集、专业设施配备、人员培训等工作，并在科技产品投放市场前进行市场示范，如果反响良好，则正式开始市场营运。反之，则将信息反馈回创新需求方进行改进。

科技服务链下游是科技创新产品实现商品化的关键，在这一阶段创新价值曲线由低谷攀升至高峰。这一阶段的附加值回升是有风险的，在创新产品没有获得市场认可之前，创新价值转化将处于停滞期，这使得为创新成果商品化与产业化提供服务的技术交易平台、营销咨询机构和管理咨询公司等科技服务变得更加重要。

本章小结

本章基于系统论思想，将科技服务体系作为国家创新系统的有机组成，并基于对创新链和科技服务链内涵、外延、结构的深入剖析，探究创新链与科技服务链共生耦合机制的内涵和机理，在理论层面深刻阐释了科技创新与科技服务互嵌共生、互利共赢的内在逻辑，将为指导推动科技创新与科技服务深度融合的具体实践提供重要学理支撑。

第六章
珠三角城市群科技服务资源供需情况

珠三角地区科技服务业的产值占据广东省的 70% 以上，聚集了全省的主要科技服务机构，现已形成广州知识城、天河软件园、南沙资讯园、深圳高新区、广东工业设计城、东莞松山湖科技产业园、佛山金融高新技术服务园、珠海横琴新区等一批各具特色的科技服务业集聚区。此外，高新区、专业镇、产业转移园、科技园等产业集群在转型与发展过程中，产生了大量的科技服务需求，在政府引导和市场驱动双重作用下，各类科技服务机构加速进驻产业集群的趋势日益明显，进一步促进了科技服务业的集聚发展。

一、 珠三角科技服务业整体发展概述

（一）服务能力

科技服务企业发展情况是整个产业服务能力的重要体现，近年来珠三角地区科技服务业法人单位数稳步增长，2018 年珠三角地区科技服务业法人单位数为 178 062 家，比 2014 年的 36 118 家增长了 393% （见图 6–1）。珠三角地区科技服务业企业营业收入从 2014 年的 1 926.99 亿元增长至 2018 年的 3 263.49 亿元，年均增长率为 13.9% （见图 6–2）。另外，科技服务业从业人数从 2014 年的 28.83 万人增长至 2018 年的 73.37 万人，实现高达 1.5 倍大幅

度增长（见图6-3），由此可见，珠三角地区科技服务业和从业人员规模一直保持良性增长态势，推动了整个产业服务支撑能力不断增强。在科技服务愈加受重视的新形势下，科技服务主体培育将迎来高增长期。

（家）

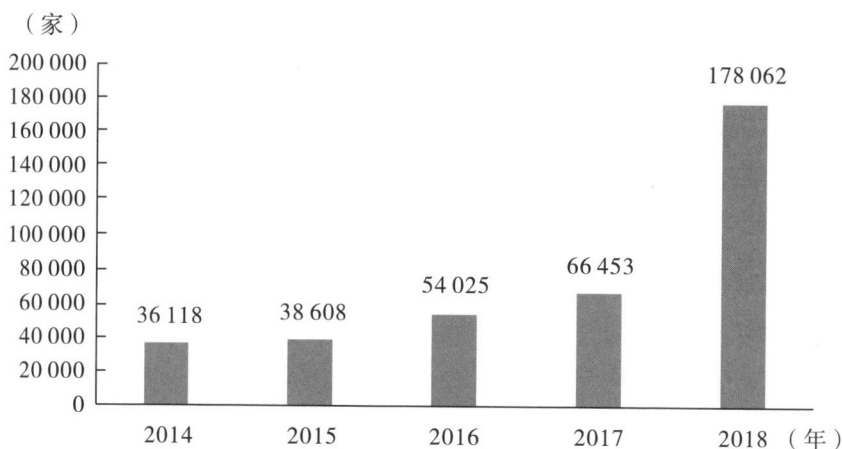

图6-1 2014—2018年珠三角地区科技服务业法人单位数

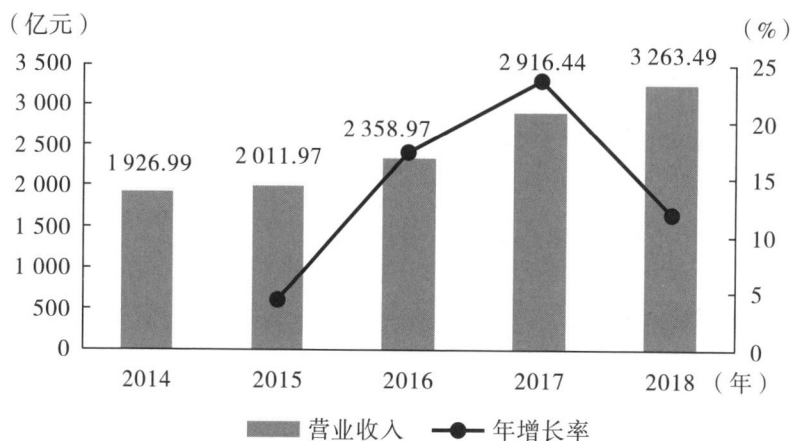

图6-2 2014—2018年珠三角地区科技服务业企业营业收入

（万人）

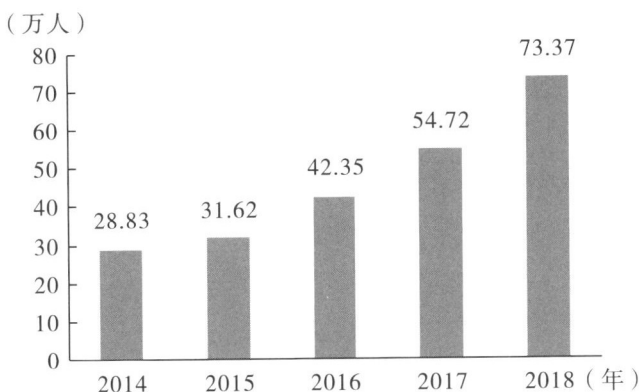

图 6 - 3　2014—2018 年珠三角地区科技服务业从业人员

（二）发展基础

　　珠三角城市群作为广东经济发展及创新重要集聚地，依托雄厚的经济基础，持续加大对科技创新事业的财政支持，科学技术财政支出从 2014 年的 788.89 亿元增长至 2018 年的 1 976.39 亿元，五年间实现了翻番，年均增长率均在 10% 以上（见图 6 - 4）。科技创新的高投入为科技服务业发展提供良好的市场空间，同时也促进了珠三角地区研发服务体系的不断完善，目前珠三角共建有国家重点实验室 28 家，省重点实验室 312 家，国家工程技术研究中心 21 家，省工程技术研究中心 4 458 家，省新型研发机构 180 家（见表 6 - 1）。

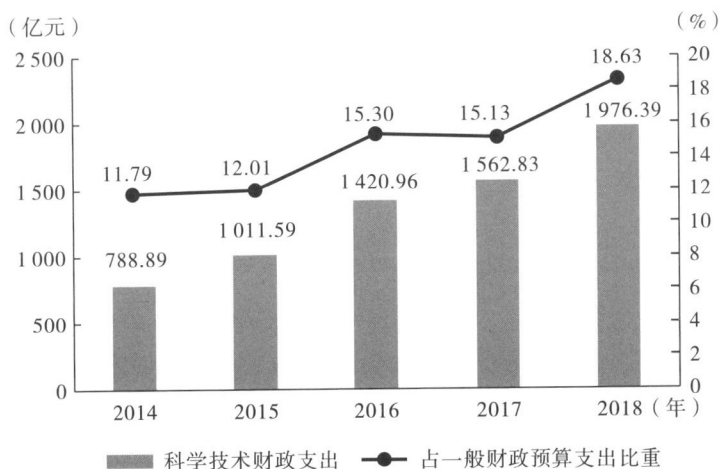

图 6 - 4　珠三角地区科学技术财政支出及占一般财政预算支出比重

表 6 - 1　珠三角地区重点实验室、工程技术研究中心和省新型研发机构分布

单位：家

地市	国家重点实验室	省重点实验室	国家工程技术研究中心	省工程技术研究中心	省新型研发机构
广州	19	222	9	1 577	50
深圳	7	44	6	541	42
珠海	1	2	4	247	12
佛山	0	20	0	714	24
惠州	0	3	0	180	11
东莞	0	11	1	391	24
中山	0	5	0	325	9
江门	0	1	0	343	5
肇庆	1	4	1	140	3
合计	28	312	21	4 458	180

随着科技成果的不断涌现，珠三角地区技术市场规模持续壮大，现已建成广州产权交易所、深圳联合产权交易所、珠海横琴国际知识产权交易中心、华南技术转移中心等一批具有区域影响力和示范性的技术交易平台，且珠海、佛山、中山、东莞等地市通过增设技术合同登记点，深入高新区开展技术转移服务，有效地提升了当地技术合同交易服务质量，构建了完善的技术市场服务体系。2018年，珠三角地区技术合同成交量为 23 569 项，技术合同成交额为 1 379.44 亿元，分别较 2015 年增长 36.4% 和 108.8%（见图 6 - 5）。

为推动科技成果产业化，珠三角地区鼓励和扶持各种类型创业孵化载体建设，形成了以孵化器和众创空间为主体的创业孵化服务体系，成为广东加强区域创新体系和科技服务体系建设的重要支撑。近几年，珠三角地区科技企业孵化器、国家级孵化器、在孵企业、众创空间爆发式增长，实现了科技企业孵化器全覆盖，珠三角多个地市实现 70% 的区（县）覆盖。2018 年，珠三角地区建有孵化器 876 个，总面积达 1 854.95 万平方米，在孵企业数 2 935 家，当年毕业企业数 3 143 家，并涌现出中大创新谷、广州 YOU + 国际青年社区等国内知名的创业服务平台。另外，珠三角九市为积极对接港澳资源，纷纷推进港澳青年创新创业基地建设，积极引进港澳优质项目和高水平人才入驻，实现创新创业孵化。

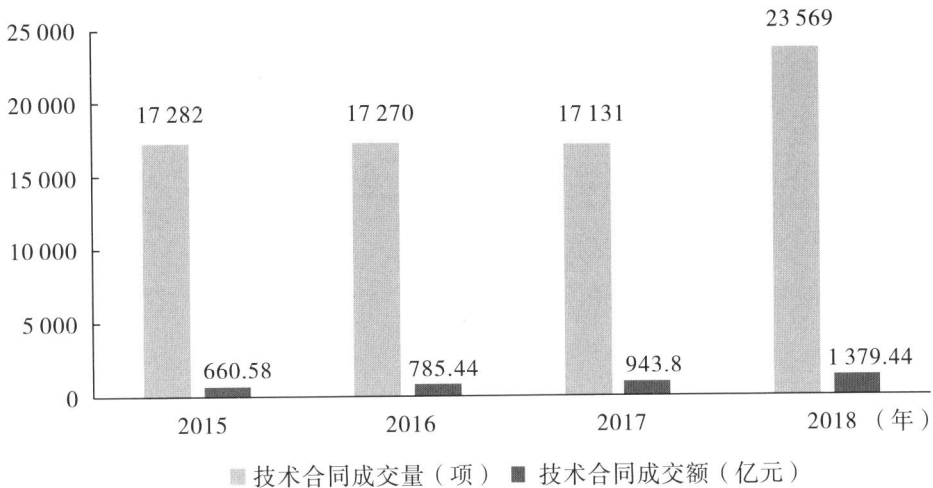

图 6-5 2015—2018 年珠三角地区技术合同成交量与成交额

二、 珠三角科技服务业供给情况

（一）产业链上游环节

科技服务业上游围绕研究与试验展开。在该环节，从事研发服务的机构是主要的参与者。珠三角拥有数量庞大的研发机构，其中有 300 多家国家及省重点实验室、4 400 多家国家及省级工程技术研究中心和 180 家省新型研发机构，以及众多产学研合作共建的各类研发平台，区域研发服务体系十分完善，且研发领域范围十分广泛。

1. **实验室体系**

在国家重点实验室和省重点实验室建设方面，目前在珠三角地区围绕国家重点基础研究领域和广东省主导产业开展基础研究、行业关键共性技术研发，共建有国家重点实验室 28 家，省重点实验室 312 家。其中国/省重点实验室资源集中在广州、深圳两市，覆盖了材料、资源环境、工程、化学、信息、农学、医学等绝大部分学科，以及 LED、电子信息技术、节能环保、生物医药、现代农业、新材料、新能源、制造装备等广东省重点产业领域。

2. 工程技术研究中心

工程技术研究中心以突破关键核心技术为核心使命，开展原创性研发活动，促进重大基础研究成果产业化，为区域和产业发展提供源头技术供给，为中小微企业孵化、培育和发展提供服务，为支撑产业向中高端迈进、实现高质量发展发挥战略引领作用。截至 2018 年底，广东省共有国家工程技术研究中心 23 家，省级工程中心 5 351 家，其中珠三角地区分别是 21 家和 4 458 家，行业领域覆盖了电子信息技术、电子元器件及集成电路、先进制造、高端装备、新材料、生物医药及医疗器械、食品与轻化工、农业技术、新能源与高效节能、资源与环境、高技术服务业等重点产业领域。

3. 科研院所

科研院所主要有四类，具体如下：

第一类是政府主导的，围绕国家发展战略目标和地方产业发展需要，为增强科技储备、原始创新和技术创新能力而提出建设的科研机构。2018 年，珠三角九市县级以上政府部门属研究与开发机构共有 159 家，占全省总量的 55%，其中广州数量最多，共 90 家。

第二类是以产业技术创新为主要任务，多元化投资、市场化运行、现代化管理且具有可持续发展能力的新型研发机构。截至 2018 年，珠三角地区共建立 180 家新型研发机构，其中广州共有 50 家，约占总数的 27.8%；深圳共有 42 家，约占总数的 23.3%；佛山和东莞均有 24 家，各自约占总数的 13.3%。

〔 典型案例 〕

中科院云计算中心

全称为中国科学院云计算产业技术创新与育成中心，是由中国科学院和东莞市人民政府共建的新型研发机构，于 2012 年注册为东莞地方事业法人单位，创建以来一直秉持"立足东莞、辐射广东、服务全国、面向世界"的发展方针，汇聚云计算相关领域的技术、人才、科研设备和网络等核心科技创新资源，通过产业前沿技术创新、集成创新和成果转移转化，积极探索特色鲜明、有核心竞争力的云计算商业服务模式，形成中科院云计算研发、创新与运营基地。

中心组织开展国际、国内标准研制，提高云计算产业的可持续发展水平和整体竞争力，通过编委会积极承担政府职能，为政府、企事业单位提供技术支撑，建设广东省云标委公共服务平台，提供综合云计算标准化知识的交流、学习、沟通平台。

2018 年，中心全年市场项目金额过亿元，先后在甘肃白银、湖北武汉、江西上饶、湖南株洲落地云计算及大数据市场化项目；与白银市委组织部签订共建人才大数据协议，计划以白银市为试点，开展人才大数据研究；参与东莞市城管局的数字城管项目、东莞市交通局的东莞市智慧交通信息平台项目、东莞市公安局的科技护城墙项目以及东莞市消防局的智慧消防项目等。

第三类是高水平创新研究院。广东省高水平创新研究院是与广东省政府签订战略合作协议或与地方政府签订共建协议，成建制、成体系引进国家级科研机构、高等院校、中央企业等国家科研力量，在广东设立并登记注册为独立法人的创新机构。目前广东省已建成高水平创新研究院 15 家，主要分布在珠三角的广州、深圳、佛山、珠海、中山等市，其中广州共有 9 家。

第四类是开放式研发平台。开放式研发平台是指在开放式创新模式下通过有效集聚、优化、整合各类科技资源构建而成的一种面向社会开放的科技型基础服务体系，进而实现各类知识的吸纳及与需求者的无缝对接，以及提供组织研发、创新要素优化配置等科技服务。目前广东省以"市场主导、政府扶持、协同推进、动态调整"的方式，大力推进利用"互联网＋科研组织管理"模式提升科技创新治理水平，共培育了庖丁技术、粤科众包和"化学＋"网等 14 家省级科研众包培育平台。

（二）产业链中游环节

科技服务业中游围绕技术成果化展开，即服务聚焦于将上游研发的新技术、新工艺、新产品顺利投入生产。目前珠三角通过高校和科研院所、生产力促进中心、技术经理（经纪）人以及技术交易平台等多主体，在技术转移领域已形成较完备的供给力量。

1. 高校和科研院所技术转移机构

在珠三角技术转移领域，作为创新源泉的高校和科研院所是促进科技成果转化的中坚力量，它们通过成立专业化的技术转移机构，以专利权转移、专利许可等方式推动高校的知识外溢、创新成果转移。根据《中国科技成果转化年度报告2019》，2018 年广东省高校和科研院所以转让、许可、作价投资三种方式转化科技成果的合同金额为 106 653.57 万元，排名全国第四。

广东省高校和研究开发机构注重产学研合作，通过与企业共建技术转移平台，推动科技成果转化。2018 年广东省高等院校、研究开发机构与企业共建研发机构、转移机构、转化服务平台总数为 606 家，其中财政资助 102 家，财政资助中中央财政资助 7 家。2018 年广东省高等院校、研究开发机构与企业共建研发机构、转移机构、转化服务平台总数排名前列的单位分别是华南理工大学、广东省科学院、广东工业大学，与企业共建研发机构、转移机构、转化服务平台数分别为 132 家、69 家、52 家。

2. 生产力促进服务体系

目前广东省已经形成了比较完善的生产力促进服务体系，以及上下联动、协同合作的生产力促进服务网络，在推动企业自主创新、科技成果转化等方面作出了重要贡献。截至 2018 年，广东共有省市县及行业生产力促进中心 126 家。按照行政区域划分，省市中心 33 家，区县镇中心 93 家；分布于省内 20 个地市，除深圳市以外，珠三角地市实现了生产力促进中心全覆盖，共计 53 家。按照业务范围划分，综合性中心 100 家，行业性中心 11 家，专业性中心 15 家。被评为国家级示范中心 6 家，省级示范中心 16 家，有 4 家中心入选广东省科技服务业百强机构，1 家中心被认定为广东省科技服务业发展示范基地。形成了遍布全省主要地市县及专业镇的生产力服务网络体系，服务领域遍及电子信息技术、绿色能源、生物医药、装备制造、家用电器、轻工食品等主要行业，有力地支撑了区域和产业创新体系的建设。

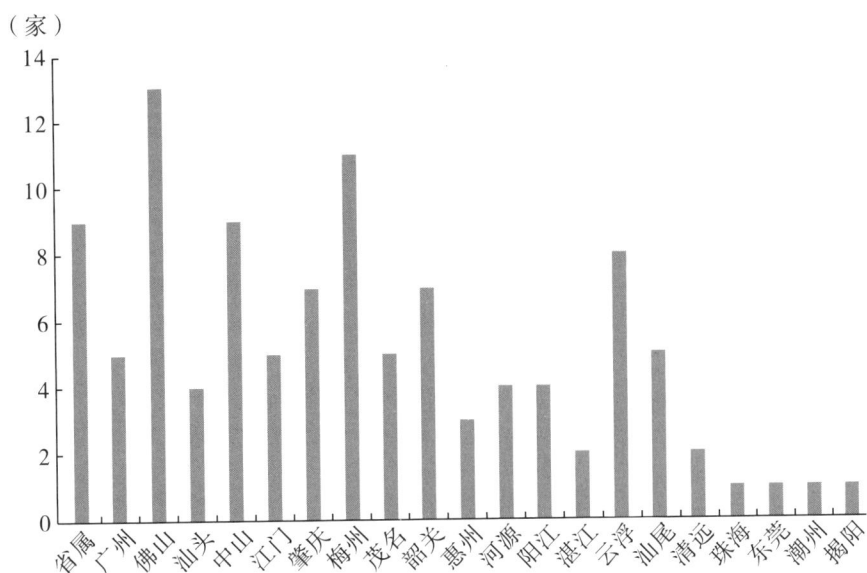

图 6-6　2018 年广东省生产力促进机构区域分布情况

2018 年全省生产力促进中心为企业提供各类咨询合计 14 867 项，获得服务收入 20 384 万元。提供技术服务合计 436 820 项次，共获收入 166 078 万元，其中，技术推广 846 项次、技术开发 748 项次、产品检测 435 226 项次，分别获得收入 5 621 万元、48 470 万元和 111 987 万元（见图 6-7）。提供人才和技术中介服务收入为 615 万元，其中导入技术 81 项，获得收入 453 万元；引进人才 129人，获得收入 7 万元；组织交易活动 71 项，获得收入 155 万元（见图 6-8）。

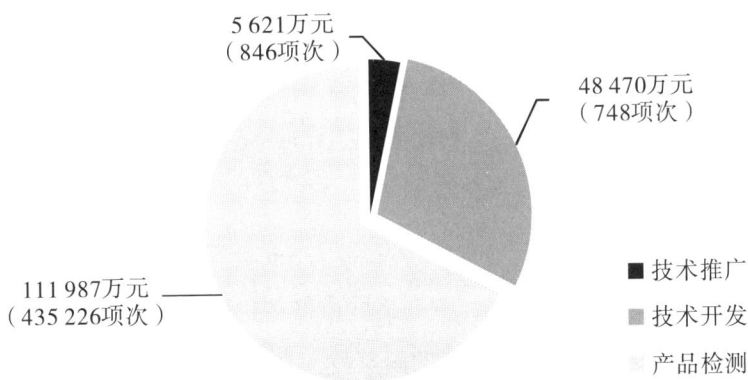

5 621万元
（846项次）

48 470万元
（748项次）

111 987万元
（435 226项次）

■ 技术推广
■ 技术开发
□ 产品检测

图 6-7　2018 年广东省生产力促进机构提供技术服务情况

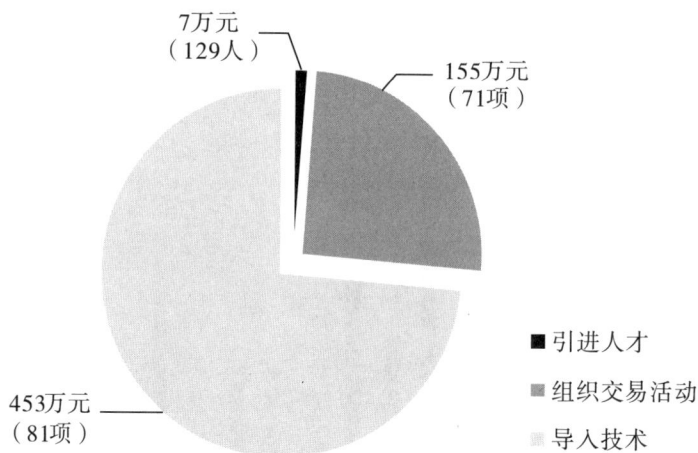

图 6 - 8　2018 年广东省生产力促进机构提供人才和技术中介服务情况

3. 技术经理（经纪）人

技术经理（经纪）人是指运用专业知识和实务经验，主要负责科技成果转化的科技职业从业者，其职业目的是提升科技成果的商品化、商业化和产业化水平，对科技研究成果的进一步发展具有非常重要的推进作用。技术经理人的培育是珠三角科技服务工作的突出亮点。珠三角深入推进职业经理人培育工作，有利于增强技术经理人的职业化、促进技术经理人的专业化、强化技术经理人的复合化，为科技成果转化和技术转移提供重要价值。

借鉴北京、上海、江苏等地的经验和运营模式，广东选择部分高校和社会培训机构共建技术经理人培养基地，定期举办技术经理人培训班，教授科技成果转化、技术转移、知识产权、项目投融资管理等方面知识，同时精选科技成果转化和技术转移案例进行细致分析，用现实案例开展教学。

4. 知识产权运营服务体系

此外，随着"互联网＋"的不断发展，一批具有区域影响力和示范性的技术产权交易平台，也逐步成为大珠三角城市群促进科技成果转移转化的重要桥梁。目前广东省经科技部批准认定的国家技术转移示范机构总数达到 34 家，这些机构积极促进知识流动和技术转移，对技术信息进行搜集、筛选、分析、加工，进行技术转让与技术代理，广泛提供技术标准、测试分析、技术咨询、技术评估、技术培训、技术产权交易、技术招标代理、技术投融资服务。

为保证产权交易市场的有序发展，近年来，广东省加快构建知识产权运营服务体系，创新知识产权服务模式，知识产权服务由专利代理、商标代理等低端服务业态向知识产权信息服务、战略咨询、商用化等高端服务业态发展，呈现出内容专业化、服务集成化、运营商业化等趋势。

典型案例

广州技术产权交易中心

广州技术产权交易中心基于自主开发的知识产权360°分阶初选模型、知识产权分类分级挖掘系统、知识产权价值分析认定系统、综合产权交易服务系统、综合产权交易竞价系统、综合产权交易结算系统等，独创了以双线对接、精准撮合、科学定价、市场发现为路径的"广交所"交易模式。利用"三平台、两工具、三模式、五模块"的服务范式，打造形成了技术交易服务闭环（见图6-9）。

广州技术产权交易中心受深圳先进技术研究院委托，为其2 525项存量专利提供分阶初选服务。首先，该中心对委托标的按照国际专利主分类、国民经济分类等标准进行整理；其次，利用文献数据库、专利数据库等提取所用到的原始数据进行预处理；接着，运用360°分阶初选模型计算出每项专利的综合得分；最后，依据综合得分从高到低依次排序，选出综合得分大于60分（满分100分）的180项专利纳入优质专利库，作为深圳先进技术研究院开展专利运营的基础。接

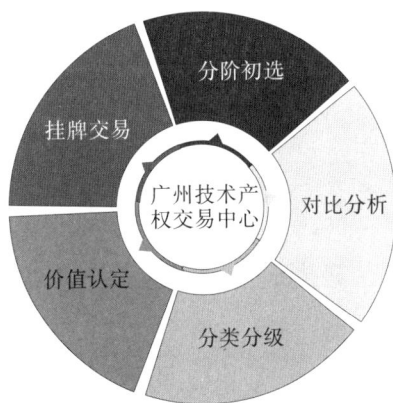

图6-9　广州技术产权交易中心服务闭环示意图

下来，广州技术产权交易中心将进一步为其提供预公告、分类分级挖掘、价值分析认定、市场询价、挂牌交易等后续服务。

在知识产权代理服务方面，目前广东省共有专利代理机构及分支机构787家，执业专利代理师2 530人，代理的领域涉及机械、电子、通信、生物、医药等，主要业务包括专利代理和商标代理，此外还有著作权、软件登记，集成电路、条码申请，域名申请以及海关备案等代理申请授权服务。在知识产权法律服务方面，目前广东省已建立知识产权国家级快速维权中心、维权援助中心分别为7家和6家；开通"12330"知识产权维权援助与举报投诉公益服务电话，负责受理、转送和处理各类知识产权纠纷的举报与投诉，受理各类知识产权的维权援助请求和咨询服务。在知识产权信息服务方面，广东省已建立包括我国（含港台地区）、美国、欧洲、日本、韩国、东南亚、阿拉伯等国家和地区，以及 WIPO（世界知识产权组织）、EPO（欧洲专利局）等重要组织的专利信息服务平台。在知识产权运营服务方面，广东开展国家知识产权运营系列试点，搭建了珠海横琴国家知识产权运营特色试点平台、广州知识产权交易中心线上运营交易系统、知识产权互联网综合服务云平台"创荟网"等。这些知识产权运营机构，在知识产权运营人才培养、专利池与专利联盟建设、知识产权投融资、专利拍卖、产业知识产权运营基金、知识产权全流程服务与运营云平台、知识产权交易、专利信托等运营模式方面进行积极探索，为社会提供专业化深层次知识产权金融和运营服务。

（三）产业链下游环节

科技服务业下游主要是围绕成果产业化以及企业创新创业展开的。珠三角地区拥有完善的"众创空间—孵化器—加速器"全孵化链条，形成了孵化器多元化投资、专业化运营、网络化服务的发展格局，在孵化服务体系建设方面具有显著优势。而且为了进一步支持企业创新创业，珠三角乃至广东省形成了线上线下相结合的科技金融服务体系，通过发展普惠性科技金融、多层次资本市场，推动科技与金融深度融合，支持企业创新发展。

1. 孵化器建设

近年来，广东省积极支持综合型、大型及专业化孵化器建设发展，孵化器多元化投资、专业化运营、网络化服务和国际化发展格局已经形成，通过推动龙头企业、投资机构、高校科研院所、新型研发机构等建设科技企业孵化器，完善全省科技创新创业孵化育成体系，支撑珠三角国际科技创新中心建设。现已依托腾讯、金发科技、达安基因等龙头企业建立产业孵化器，依托中山大学、华南理工大学、华南农业大学等高校建立了服务教师、大学生的创业服务平台，依托广东华中科技大学工业技术研究院、佛山市南海区广工大数控装备协同创新研究院等新型研发机构建成国家级科技企业孵化器。

同时，政府部门积极引导各地、各孵化机构建设"众创空间—孵化器—加速器"全孵化链条，实现对企业成长全周期的服务。通过整合全省各类计划项目，大力支持科技企业孵化器建设技术研发、技术转移、成果推广、科技金融、知识产权、国际合作、创业导师等公共服务平台，提升孵化服务能力。

{ 典型案例 }

广东软件科学园

广东软件科学园是由广东省政府投资、省科技厅筹建、省生产力促进中心管理与运营的软件产业技术资源服务机构，总建筑面积 15 万平方米，以软件技术研发支持服务、企业（项目）孵化服务、信息技术咨询认证服务及软件外包服务为主。

2019 年，在运营广东软件科学园、TOPS 众创、北斗众创空间三个双创载体的同时，开展资质建设，引入国际平台资源，继续打造特色品牌服务，并着力推动孵化服务体系建设和品牌与服务输出工作。科学园在国家、省、市、区等各级孵化器考核中均获得 A 类（优秀）成绩，荣获省中小企业联盟"岭南酷园区"荣誉称号、TOP 中国孵化器粤港澳孵化器特奖。在园企业总数为 426 家，其中科技型企业 352 家，专业服务机构 20 家，其他类企业 54 家；园区预计产值 55 亿元，预计税金 4 亿元。园区全年孵化成效显著，通过各类融资对接活动帮助园区企业共获得政府项目资金、补贴资金、奖励资金 6 500 多万元；在园企业累计授权专利 1 459 项，软件著作权 2 900 项，其中 2019 年专利公布 361 项（发明专利 127 项，实用新型 166 项，外观专利 45 项），软件著作权公布 128 项；园区新认定、复审的高新技术企业 29 家；70 家企业入库 2019 年科技型中小企业；7 家企业在广东股权交易中心挂牌；12 家企业被认定为广州开发区 2018 年度瞪羚企业；4 家企业进入第八届中国创新创业大赛广州赛区决赛，其中携旅信息进入省赛并获得三等奖，晋级全国总决赛。

2018 年，广东省纳入国家火炬统计的孵化器达 962 家，众创空间 886 家，孵化器和众创空间数量继续位居全国第一；全省孵化器内在孵企业超 3 万家，其中拥有知识产权的在孵企业超 30%，共拥有有效知识产权 8.5 万件，其中发明专利 1.5 万件，在孵企业 R&D 投入强度高达 15.6%，孵化器内高新技术企业达 2 260 家，毕业企业累计上市（挂牌）企业 580 家，创业孵化绩效凸显；全省孵化器和众创空间内创业团队与企业带动就业总人数达 55.6 万人，其中吸纳应届大学生就业人数达 6.7 万人，留学人员 7 110 人，海外高层次人才 409 人，创业带动就业成效显著；全省毕业企业达 1.6 万家，2018 年被兼并和收购企业 138 家，营业收入超 5 000 万元的企业达 490 家，累计毕业企业营业收入超万亿元，支撑实体经济发展效益突出。其中，珠三角地区建有孵化器 876 家，总面积达 1 854.95 万平方米，在孵企业数 28 565 家，当年毕业企业数 3 143 家。

表 6 - 2　2018 年珠三角地区孵化器建设发展情况

地市	孵化器（家）	孵化器总面积（万平方米）	在孵企业（家）	当年毕业企业（家）
广州	284	534.95	9 445	765
深圳	193	483.98	6 526	1 125
珠海	33	75.54	1 298	113
佛山	95	246.82	2 935	324
惠州	43	116.5	1 264	144
东莞	111	188.31	3 396	389
中山	51	126.87	1 936	144
江门	31	47.57	912	89
肇庆	35	34.41	853	50
合计	876	1 854.95	28 565	3 143

2. 科技金融服务

依托于良好的金融基础，当前珠三角已形成创业投资集聚活跃、商业银行信贷支撑有力、社会资本投入多元化的科技金融服务体系。

在科技信贷方面，广东省科技厅与中国银行广东省分行、中国建设银行广东省分行、华夏银行广州分行、兴业银行广州分行等多家银行机构建立了战略合作关系，鼓励银行机构积极参与科技创新活动，设立科技支行，创新科技信贷产品，形成富有成效的科技信贷体系。其中，与中国人民银行广州分行共同出台《关于科技和金融结合促进创新创业的实施方案》，并以江门为试点，总结经验，向全省推广应用。推动中国银行在全省各地设立了 20 家科技支行。支持建行推出"Fit 粤"综合金融服务方案，提供融信、融创等六大专属计划，推出"创业 +""资本 +"等六大系列产品与服务。此外，广东省科技金融专项专门设立科技信贷风险准备金、补偿补贴、科技企业孵化器首贷风险补偿专题，分担银行机构的贷款风险。

在市场服务体系方面，广东股权交易中心和深圳前海股权交易中心发展迅速。其中广东股权交易中心是由原广州股权交易中心和广东金融高新区股权交易中心合并而成，截至 2019 年 12 月，该交易中心展示、挂牌、托管的企业分别为 13 141 家、3 515 家、3 617 家，累积融资总额超过 1 137 亿元，各项综合指标均走在全国前列。前海股权交易中心是经国务院办公厅、证监会和深圳市政府批准设立的区域性股权市场，截至 2019 年 12 月，展示企业 7 066 家，融资总额超过 602.25 亿元。前海股权交易中心采取"注册制""自荐"相结合的挂牌方式，形成标准板、孵化板、海外板三大板块，运作特色鲜明、低门槛化使得前海股权交易中心在短时间内聚集了众多企业。

近年来，广东省依托省生产力促进中心建设全省科技金融综合服务中心的线上和线下网络，在线下建立 31 家科技金融综合服务中心，线上建立并运行广东科技金融综合信息服务平台。目前，科技金融服务网络已经实现全省覆盖，共 19 家，主要集中在珠三角地区，逐步形成了市、镇（街道）、园区联动体系，并依托全省科技金融综合信息服务平台实现企业与金融机构的线上对接，形成覆盖科技企业成长全过程的科技金融业务链。如广州在各个区建设了 11 个区级科技金融分中心，东莞在全市镇街及园区建立了 49 个科技金融工作站，将服务力量下沉至第一线。又如佛山市依托广东金融高新区和佛山高新区两大发展平台，建设"金融、科技、产业"融合创新综合试验区，推动佛山高新区形成了围绕装备产业的集"前孵化—孵化—加速—腾飞"于一体的孵化链条。

典型案例

博士科技

博士科技起源于 2001 年由广州市政府发起成立的"广州博士俱乐部"，在全国十余个省市建立了 28 家分公司、子公司，打造了一支集聚 400 多名科技服务与技术转移运营专才的团队，为地方政府、科技企业和高科技人才提供全链科技创新服务，是中国目前交易额度最高、产业规模最大、覆盖范围最广、资源支撑最完善、创新体系最完整、服务介入最深的科技服务机构。

博士科技打造了基于项目库、人才库和资金平台的高效孵化模式，并成立了第一支"取之于博士、服务于博士"的创投基金。通过天使投资激活、软孵化支撑与产融资本撬动，实现对创新成果与创业项目的高效孵化。该基金的特点是：只投早期项目，不投中后期；只投硬科技项目，不投模式创新。

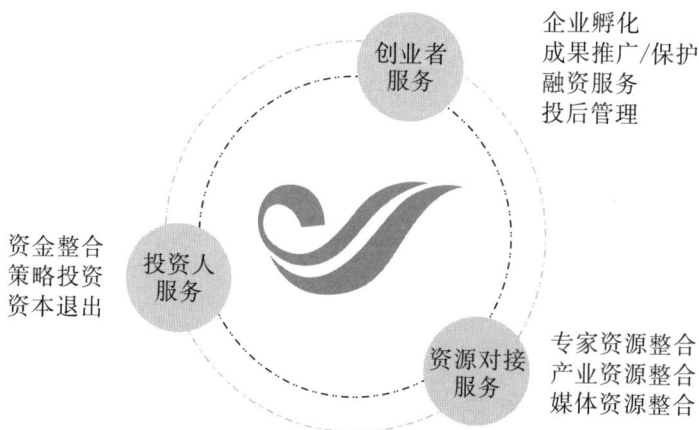

企业孵化
成果推广/保护
融资服务
投后管理

创业者
服务

资金整合
策略投资
资本退出

投资人
服务

资源对接
服务

专家资源整合
产业资源整合
媒体资源整合

图 6-10　博士科技服务模式

资料来源：博士科技公开资料。

三、 珠三角科技服务业需求情况

作为科技创新领域的服务支撑产业，科技服务业的功能在于促进创新要素流动，提高企业技术创新效率与能力。然而，面对珠三角城市群科教资源布局不均衡、科技产业竞争力有待提升、创新创业环境有待完善等问题，珠三角需要加强统筹全局，根据科技服务业的"研究与发展—技术转移与推广—产业化"产业链条各环节的服务需求，从研究开发、技术转移、科技金融、创业孵化、知识产权等方面全面提升科技服务水平，以支撑城市群科技创新发展。

（一）产业链上游——研究开发服务需求

目前广东省在实验室体系建设、省级工程技术研究开发中心建设、省级新型研发机构建设等方面取得了一定成绩，但是基础研究相对薄弱，与创建综合性国家科学中心的目标仍存在一定距离。截至 2022 年，珠三角地区尚无一所高校入选 QS 世界百强，虽有 8 所高校入选国家"双一流"建设名单，但入选学科数量仍然较少；在粤国家重点实验室数量仅有 30 家，约占全国数量的 5.5%，约为北京的 1/4、上海的 2/3；在粤国家工程技术研究中心 24 个，不足北京的 4 成。整体而言，广东在产业链上游的高端研发资源与北京、上海等发达地区仍存在较大差距。一些重要领域缺乏核心技术，基础研究和原始创新能力不强，装备制造业关键零部件绝大部分依赖进口，电子信息产业"缺芯少核"问题突出，因此下一步应继续加强基础研究、应用基础研究和核心技术攻关，加强产学研高水平合作协同平台建设，提升珠三角城市群研究开发服务水平。

（二）产业链中游——技术转移服务、知识产权服务需求

1. 技术转移服务

技术转移是连接科学研究、技术创新和产业化的重要桥梁，是实现技术突破、产品制造、产业发展的关键。当前，珠三角城市群不断推动高校、科研院所技术转移中心建设，深化推进产学研合作，组织高等院校、科研院所与企业开展

合作，吸引成熟高新技术及创新成果在城市群转化应用，目前已初步建成技术交易平台。然而珠三角城市群内产学研合作交流还不够深入，缺乏有效的综合性技术转移平台，高校、科研院所与企业合作存在信息不对称问题，技术成果转化、知识产权交易的市场机制有待完善。因此在城市群建设过程中，在产学研深度合作、人才引进、项目对接等方面仍需要完善相应机制，搭建技术转移信息共享平台，提高城市群技术转移服务的能力。

2. 知识产权服务

珠三角城市群的创新发展离不开科技服务业提供专业的知识产权服务，增强知识产权服务有助于营造良好营商环境，不断提升城市群国际化水平和吸引力，吸引全球创新资源要素加快聚集，从而提升城市群的科技创新能力。当前城市群已经形成了一批具有代表性的知识产权服务平台，如国家知识产权运营公共服务平台金融创新（横琴）试点平台、广州知识产权交易中心和香港通用检测认证有限公司等，然而珠三角城市群的知识产权运营服务合作仍有待加强，知识产权咨询服务、代理服务等业务需进一步互利开放。因此城市群要进一步完善知识产权保护与服务机制，加强知识产权行政司法保护、知识产权交易、知识产权信息共享等方面建设，完善知识产权运营服务，解决知识产权评估、交易、质押融资困难等问题，进而不断完善城市群的营商环境，吸引更多国内外优秀企业到城市群投资生产。

（三）产业链下游——创业孵化服务、科技金融服务需求

1. 创业孵化服务

创业孵化服务有助于提升珠三角城市群创新能力，是科技创新中心建设的重点内容，为创新创业人才培育、经济高质量转型发展提供重要支撑。目前珠三角已经布局了科技企业孵化器、众创空间、跨境青年创业基地等，为培育科技创新企业提供重要载体。然而，当前城市群孵化器之间的联系不够紧密，湾区孵化器生态系统尚未形成，科研成果转化效率有待进一步提高。而且跨区域孵化器等专业管理人才缺失，集聚国际高端创新机构、跨国公司研发中心、领先科技人才、境外创业青年的机制尚未形成，与国家级科技成果孵化基地的创业孵化能力仍存

在一定差距。因此珠三角要进一步完善孵化育成体系建设，出台针对性的政策，促进创新要素流通，优化创业孵化服务，推动珠三角城市群建设成为国家级科技成果孵化基地。

2. 科技金融服务

科技发展离不开金融的支持，科技金融是推动珠三角城市群科技创新的血液。目前广东不断完善科技金融政策体系，同时在线下建立 31 家科技金融服务中心，在线上建立并运行了广东科技金融综合信息服务平台。然而珠三角城市群还存在金融机构设立门槛条件和监管条件不一致、科技金融产品单一等问题，对此，应该进一步建立功能完善、服务水平高的科技金融服务体系，扩大科技信贷风险补偿资金池规模，不断推动科技金融产品创新，完善多层次资本市场和科技创新投融资体系，提升科技金融对珠三角企业的支撑作用。

本章小结

本章围绕产业链上、中、下游不同环节，结合翔实的统计数据和典型案例，全面梳理分析珠三角地区科技服务资源在供给和需求两侧的发展情况。针对科技服务资源供需两侧的深入分析，将为构建基于创新链的珠三角城市群科技服务资源建设模式奠定坚实基础。

第七章
珠三角城市群科技服务资源体系

　　构建珠三角城市群科技服务资源体系是强化珠三角地区科技服务基础能力建设的必要前提，也是促进珠三角地区科技服务业高质量发展的重要保障，对推动珠三角科技和经济高质量发展具有重要意义。珠三角城市群科技服务资源体系的构建必须紧紧围绕产业链和创新链具体布局实行精准匹配，以更好地为"双链"深度融合提供高质量的科技资源供给。

一、 产业链、 创新链与科技服务链的匹配

　　科技服务业是以现代科学技术为服务手段的知识智力密集型服务业。科技服务业作为生产性服务业的重要组成部分，对制造业转型升级起着关键作用。因此，珠三角地区推动科技服务业创新发展，首先，应当依托已经形成的先进制造业和现代服务业体系，分析"两业"融合现状，研究确定未来融合发展的主要着力点；其次，应当依托创新链，促进新知识、新技术、新产品在集群内部诞生、储存、转移和应用；最后，应当瞄准科技服务业产业链，抓紧建立协调一致、分工合作、紧密联系、全社会科技资源共享的良好机制，建设以企业为主体、市场为导向的多主体协同创新体系，以更好地整合科技创新资源。

（一）围绕产业链"冲强补"，推进"两业"融合

珠三角九市是著名的"世界工厂"，产业体系较为完备，在国务院颁布的《中国制造2025》战略部署下，珠三角九市正向先进制造业转型升级，金融、信息、电子商务等高端服务业发展较快，初步形成了先进制造业和现代服务业体系。一方面，在制造业服务化的浪潮下前者会向后者转化，从而催生众多制造服务企业；另一方面，前者又为后者提供服务对象，尤其是门类齐全的先进制造业为广大科技服务机构提供了巨大的市场发展空间。因此，珠三角城市群的产业体系特征是其科技服务市场蓬勃发展的重要原因之一。

具体来看，广东省在先进制造业、高技术制造业等领域逐渐发展壮大，2019年规模以上先进制造业工业增加值占规模以上工业增加值比重达54.93%，高技术制造业增加值占比31.46%，先进制造业、高技术制造业产品总值分别达7.98万亿元、4.75万亿元，是广东经济的重要基础和支撑。近年来，广东现代服务业也有所发展，产业结构不断转型升级，2019年广东三大产业贡献率分别为2.6∶33.6∶63.8，服务业所占贡献率不断提高。

然而据调查，近年来，54.1%的制造企业服务投入占比低于10%，6.8%左右的制造企业服务投入占比在10%～15%，超过30.6%的制造企业服务投入占比不足5%。与德国等发达国家制造业的服务投入占比达30%以上相比，具有明显差距。强烈的反差表明研发设计、咨询、金融服务、物流等处于制造业产业链上游和下游的现代服务业，仍未真正融入制造业产业链条，必须推动制造业有效降低成本，增加产品附加值。

在现代制造业链条中，附加值更多体现在"微笑曲线"的两端，即前端的研发设计、市场研究、咨询服务和后端的第三方物流、供应链管理优化、销售服务，而处于中间的制造环节附加值较低，大致估算服务环节所创造的价值占整体价值的三分之二，生产所创造的价值仅占三分之一。将制造环节向两端延伸，加快生产性服务业与制造业融合，必将大大提升制造业的含金量。

为此，需要在强链、补链的基础上，深化制造业和生产性服务业产业链的纵向融合。一是强化生产性服务业内部以价值链整体提升为重点的串联。坚持市场

需求的基本要求，以优化生产性服务业结构和向价值链高端攀升为导向，在继续完善工业设计、科技服务、信息技术服务、金融服务、节能环保服务等生产性服务业产业链的基础上，围绕服务内容、服务方式、服务水平、服务质量以及服务创新能力等，大力实施生产性服务业"五提升行动"，在改善和提高自身服务能力的同时，适应或超前对接先进制造业的发展需求。二是加强生产性服务业之间以解决市场难点、痛点和盲点为前提的并联。在生产性服务业向外部化、专业化、社会化演进过程中，针对服务要素资源的分散化、碎片化等现象，加快整合研发设计、信息、金融、人力资源培训等生产性服务业，重点培育一批跨行业、水平高、市场前景好的智能化服务供应商、技术服务运营商和整体方案解决商，打造能够解决综合复杂性问题的"服务综合体"。三是加快生产性服务业与先进制造业之间以实现"1+1>2"的并联。围绕半导体与集成电路、高端装备制造、智能机器人、区块链与量子信息、前沿新材料、新能源、激光与增材制造、数字创意、安全应急与环保、精密仪器设备十大战略性新兴产业集群，分类推动"制造业+服务业"融合行动，深化制造业与互联网、现代物流、研发设计等生产性服务业融合，实现融合发展。

（二）聚焦"产学研"布局创新链，助力产业链价值提升

产业链是从产品生产和消费的角度把相互关联、相互依存的经济活动各环节看作一个系统整体，创新链是从知识生产和消费的角度把相互关联的创新活动看作一个系统整体。创新链是产业链发展的动力之源，是产业链上各环节价值增值的基础，促进产业链的形成和扩展。如果创新链串联的创新活动被融入产业链的主干链，那么不但会直接提升产业链的价值，而且还会横向扩展产业链。

围绕产业链部署创新链，关键是要在产学研的深度融合中打通科技创新推动产业发展的通道。产学研是科研、教育、生产不同社会分工在功能和资源优势上的协同与集成化，是技术创新上、中、下游的对接与耦合。因此，为了达到自主创新的水准，必须有高校、科研机构和科技人才的介入，进行产学研的协同创新。

产学研深度融合是一项复杂的系统工程，要以全力打造创新生态为战略指引，按照"政府引导、市场主导、专业运作"模式，立足制约珠三角产业转型升级的关键技术短板进行重点突破。

第一，要做实组织保障。对于重点产业创新链建设中关键核心技术的突破，需要创新组织的保障，以有基础、有条件、有潜力的产业集群为依托，打造创新生态子系统，联合攻关。一是组建产业技术创新战略联盟。联合珠三角优势企业、国内外高等院校、科研院所，共同组建产业技术创新战略联盟，进而运用市场机制将创新资源汇聚到联盟中，建立以联盟为主体承担重大科技专项的机制，开展产学研用协同创新。依托国家实验室，加强对前沿技术、颠覆性技术、现代工程技术的前瞻性研究，推动创新链条向前端移动，以创新优势引导产业资源集聚。二是组建产业技术研究院（中心）。针对重点产业的共性关键技术、重大装备设计试验和中小型企业技术创新需求，依托骨干企业、重点高等院校和科研院所，引导建设一批产业技术研究院（中心）。搭建企业和创新载体对接平台，精准服务企业创新发展。同时，鼓励龙头企业搭建创业平台，孵化科技型企业，激活创新链的源头活水，加大科技创新供给能力。

第二，要强化要素投入。充分利用市场机制，完善利益分配机制和风险控制机制，激励产学研各方主体在资金、智力、技术、设备方面进行更大的投入。在资金方面，健全科技资金投入机制，在政府设立专项资金的基础上，充分发挥资本市场诱导和支撑科技创新的功能，建立多元化、多层次的风险投资体系。在人才方面，构建与转型发展需求相适应的人才和科研体系。积极推进珠三角高校改革重组、创新人才培养模式，完善人才引进政策，培育和引入与产业发展相契合的高端创新型人才及技术研发团队。具体而言，要制订并实施高端人才引进计划，加大对创新创业人才、中介人才、复合型人才的发现、培养、引进、使用和资助力度；通过校企结合，大力培育高技能人才，为生产一线、产业提升提供人才保障。

第三，要加强政策配套。完善知识产权制度，明晰各方责权，形成产学研协同创新的内在动力机制。设立知识产权法院，加大违法惩治力度，切实有效地保护知识产权。制定灵活的人才政策，打破人事管理条框束缚，给予科技人员充分发挥创造潜力的空间。为激励科技人员，应允许科技人员以其所拥有的专利技术参股产业化项目，以其专利技术作抵押为产业化项目融资等。出台科技创新成果产业化的税收优惠政策。科技创新成果产业化项目位于产业发展的孵化期、成长期，尚不具备盈利能力，需要政府给予一定的税收优惠，以降低项目的运营成本。

（三）推动创新链优质资源整合，依托平台经济支撑科技服务链体系建设

虽然广东是我国市场经济体制改革的先行地，但某种程度上仍然受到传统计划经济体制的影响，这种影响导致部门之间、地方之间、产学研之间长期以来存在条块分割、相互封闭的现象，科技服务业市场化程度不是很强，由此导致研究成果、服务方式、服务内容与企业需求不相适应的现象比较严重，形成科技与经济脱节的局面，科技成果转化效率不高。因此，珠三角地区应通过平台经济，建立起多主体、全社会参与的科技资源共享渠道，建设以企业为主体、市场为导向的多主体协同创新体系，才能整合科技创新资源，形成科技服务机构与社会生产双赢、多赢的局面。

首先，在科技服务链上游搭建协同创新平台，促进资源共享。一方面，加快推进省实验室建设，争取国家在珠三角布局国家实验室，布局重点领域联合实验室、产学研高水平的协同创新平台等，为珠三角优势支柱及战略性新兴产业发展提供支撑服务。另一方面，推进科研院所、高校、企业科研力量优化配置和资源共享。支持开展科技人才、科技成果、科研设备、科学数据库、科技文献资源等科技资源的信息化数据接口、数据加工、数据共享等标准化研究与应用，推进科技资源共享与互联互通，提高科技资源利用率。在专业领域研究开发一批科技文献数据库和专家智库，建立技术需求信息库、技术合作项目数据库、在线信息互动交流系统等，为技术评估、研发以及产业化落地提供智力咨询及人才交流服务。

其次，在科技服务链中游搭建技术交易平台，促进研究成果转化。着力推进华南技术转移中心、国家技术转移南方中心等重大平台建设，在华南地区合力打造具有重要影响力的综合型高端枢纽平台。将线上线下对接服务有机融合，提供

在线技术交易服务平台。通过将技术交易资源数据化、服务制度化、过程网络化、运营市场化，运用电子商务模式，有效融合需方、供方、服务方三大主体，提供找技术、找资金、找人才、找场地、找政策的"五找"服务，实现线上技术交易全流程服务，加快推进科技成果在珠三角转移和产业转化。为科研单位、投资机构、成长企业、政府部门、产业园区五大对象提供全过程、全系统、全方位的服务，打破科技资源局限性，真正实现科技服务资源的垂直整合、跨界融合。通过要素间的协同转化，提供一体化的全链条服务，推动科技成果落地转化，将科技优势转化为经济发展优势，助力珠三角发展。

最后，在科技服务链下游搭建创业孵化平台，促进成果产业化。针对创业孵化服务，推动珠三角整合创新创业和成果转化资源，共建国家级科技成果孵化基地，重点打造南沙港澳青年创新创业基地、前海港澳青年创新创业基地和横琴港澳青年创新创业基地，发挥三个基地的辐射带动效应，推动珠三角九市实现广东青年创新创业基地全覆盖。鼓励境外机构通过股权投资等形式在广东设立国际企业孵化器，支持各类孵化机构、创投机构、社会组织、大型企业、个人等建立创客空间、创业俱乐部、创新工场、创业咖啡屋等新型孵化器，支持网络虚拟孵化器、异地孵化器等类型的孵化机构发展，积极探索众筹、众包、创新创业网络平台、创业学院等创新型创业孵化服务。依托国家自主创新示范区、高新区、专业镇等产业集群建设一批创新创业平台，引导创业孵化机构专业化、精细化发展，加快构建"众创空间＋孵化器＋加速器＋产业园"的全孵化链条，促进科技成果转化和产业化。

二、 基于创新链的珠三角科技服务资源体系

科技服务业是面向创新链全过程提供科技服务的一种新兴产业，因此，构建珠三角科技服务资源体系可以从创新链的上游、中游、下游等主要环节进行整体把握。在创新链的不同阶段，珠三角科技服务体系提供不同类型的科技服务，每种科技服务均由相应的科技服务资源支撑实现（见图7-1）。

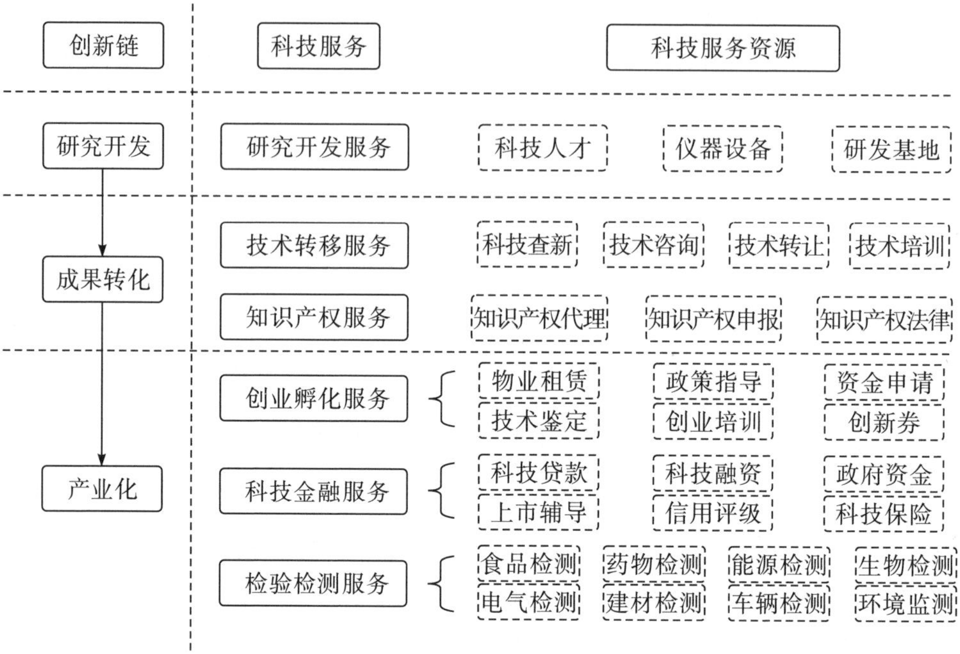

图 7-1　基于创新链的珠三角科技服务资源体系

在创新链上游的研究开发环节，珠三角科技服务体系主要提供包括基础研究、应用研究、试验发展等研究开发服务，由于这些服务对研发人员团队和研发基础条件的要求较高，因此珠三角科技服务体系主要以科技人才、仪器设备、研发基地作为科技服务资源供给，为从事创新活动的需求方提供研究开发服务。

在创新链中游的成果转化环节，珠三角科技服务体系主要提供技术转移服务和知识产权服务。通过整合集聚科技查新、技术咨询、技术转让、技术培训等技术服务资源，为技术供需双方提供技术转移科技服务；通过整合集聚知识产权代理、知识产权申报、知识产权法律等法务服务资源，为创新主体提供知识产权服务。

在创新链下游的产业化环节，珠三角科技服务体系主要提供创业孵化服务、科技金融服务、检验检测服务等。通过整合集聚物业租赁、政策指导、资金申请、技术鉴定、创业培训、创新券等创业服务资源，为创新项目、团队、企业提供创业孵化服务；通过整合集聚科技贷款、科技融资、政府资金、上市辅导、信用评级、科技保险等金融服务资源，为中小微企业提供科技金融服务；通过整合集聚食品检测、药物检测、能源检测、生物检测、电气检测、建材检测、车辆检测、环境监测等检测服务资源，为创新企业提供检验检测服务。

三、 科技服务业行业结构体系建设

科技服务业是珠三角科技创新体系建设的重要组成部分，为珠三角科技产业发展提供有力支撑，也是打造广东经济增长新动能的重要抓手。如何完善产业链条、优化产业结构、集聚服务资源、加快培育和发展科技服务业，是当下发展的重点。建议以完善和强化科技服务产业链条为切入点，引进和培育科技服务企业，构建科技服务平台，营造开放包容的合作环境，从而助力科技服务产业健康发展，培育经济增长新动能。

（一）引进和培育科技服务企业，完善产业链条

珠三角地区的发展需要科技服务企业快速成长作为支撑，科技服务企业将成为推动经济发展一个非常重要的支点。因此根据科技服务业产业链以及珠三角城市群现有科技服务资源情况，应重点支持研发设计、技术转移、创业孵化等领域的服务机构规模化、集群化发展，培育和引进一批科技服务骨干机构。

在科技服务业产业链上游环节，为支持研发设计，建议深度整合珠三角城市群的企业、高校、科研机构等创新资源，培育一批市场化导向的高等学校协同创新中心、产业研究开发院、行业技术中心等新型研发组织。培育和发展研发众包、创客等新兴研发服务业态，支持研发机构多元化、特色化发展。

在科技服务业产业链中游环节，为加快技术转移，确保成果产业化，应加快培育技术转移服务示范机构，积极支持从事技术交易、技术评估、技术投融资、信息咨询等活动的技术转移服务机构发展。选择和扶持引导不同类型、不同发展模式的技术转移服务机构进行试点，提升其整体服务能力。通过技术交易专项补贴、科技成果转化组织推进奖、技术转移示范机构建设经费补贴，鼓励引导在粤高校院所建立市场化的技术转移专业化服务机构。同时，大力发展社会化技术转

移机构，鼓励社会力量依托行业龙头企业和行业协会、学会等社团组织建设行业性技术转移服务机构，逐步形成覆盖珠三角的科技成果转化、技术转移服务网络体系。

在科技服务业产业链下游环节，为加强创业孵化服务，应鼓励境外机构通过股权投资等形式在广东设立国际企业孵化器，支持各类孵化机构、创投机构、社会组织、大型企业、个人等建立创客空间、创业俱乐部、创新工场、创业咖啡屋等新型孵化器，支持网络虚拟孵化器、异地孵化器等类型的孵化机构发展，提升珠三角创业孵化机构的发展质量和发展速度。

除在以上科技服务业各环节有针对性地培育和引进相关企业外，还应该注重贯穿全产业链的科技服务机构的培养。其中的关键即为鼓励科技服务企业集成资源。一方面，可通过支持科技服务机构加快知识创新、技术创新、管理创新和业态创新，推动众创空间、开放平台、众包服务、用户参与设计、大数据分析、新媒体营销等新技术新模式新应用的发展。另一方面，可通过引导科技服务机构通过并购或外包方式进行跨领域融合、跨区域合作，以市场化方式整合现有科技服务资源，发展全链条的科技服务，形成集成化总包、专业化分包的综合科技服务模式。

（二）构建科技服务平台，优化产业发展模式

数字经济 2.0 时代的典型特征是平台经济的崛起，科技服务业通过平台经济在上游共享基础研究成果，中游整合成果转化供需资源，下游联动市场需求，使得科技服务业呈现融合发展特征，推动科技服务业的"环节再分工、价值再分配"，科技成果转化全链条服务成为科技服务业发展的核心。为进一步构建"数据驱动力"，珠三角地区应重点引导或出资构建科技服务相关基础大数据平台，支撑科技服务业数字化、平台化发展，不断催生出线上线下融合服务（O2O）、第三方云平台服务、特种定制服务、一站式集成服务、管理服务外包等新业态。

一是鼓励"互联网＋新业态"的快速发展。支持发展开源社区、社会实验室、创新工场等互联网创新平台，为创客提供工作场地、设计软件、硬件设备和团队运营、资金扶持、产品推广等项目孵化服务。支持软件工具开发和数据分

析、计算、存储信息平台建设，加强科技信息资源的整合、共享、开发和利用，推进"互联网＋"科技信息服务发展。支持发展竞争情报分析、科技查新和文献检索等科技信息服务，加强企业研发的信息资源保障。

二是支持平台化服务发展。加快引进和培育平台型科技服务机构，整合相关科技服务资源，实现综合科技服务供需精准匹配。支持信息服务、研发设计等领域企业基于大数据和云模式，帮助用户进行数据挖掘，针对用户需求提供标准化或定制化服务，形成全流程一体化服务模式。支持科技咨询机构、知识服务机构、生产力促进中心等积极应用大数据、云计算、移动互联网等现代信息技术，创新服务模式，聚焦优势领域，参与或主导建设基于互联网、大数据等新技术应用的第三方、第四方科技服务平台，开展网络化、集成化的科技咨询和知识服务。

（三）营造开放包容合作环境，集聚产业服务资源

科技服务业因其独特的轻资产、软要素等特点，更加需要开放、透明、包容、非歧视的行业发展生态，减少制约要素流动的"边境上"和"边境后"壁垒。因此，珠三角的科技服务业发展，要营造开放包容的合作环境，在双循环经济发展新格局下，集聚产业服务资源，共同开创互利共赢的合作局面。

为引进全球科技服务业优质资源，需建立珠三角城市群链接利用全球创新资源的新机制，加快推进研究开发、技术转移、知识产权、创业孵化等领域的国际合作，通过海外并购、联合运营、设立分支机构等方式推动科技服务业快速进入全球价值链中高端，提升珠三角城市群科技服务产业的国际竞争力。研究制定促进企业开展境外投资的支持政策，在国际并购、外汇管制等方面采取便利化措施，积极支持科技服务机构"引进来"。扶持科技服务机构到境外上市，积极融入国际融资平台，鼓励有条件的科技服务机构在海外建立分支机构，开拓国际市场，实现企业经营模式和资源配置方式向全球化转变。

为帮助珠三角科技服务机构"走出去"，需运用市场机制配置和汇聚全球优质资源，全面对接国际高标准市场规则体系，加快构建开放型经济新体制，形成全方位开放格局，构建统一的资源流通机制，打破不必要的要素管制，促进人

才、技术、资本等资源在城市群内高效流动。支持科技服务机构接轨国际，围绕技术合作、离岸孵化、技术转移等，提供符合国际规则和标准的高质量服务，支撑珠三角企业国际化发展，共同开拓国际市场。

四、 科技服务业空间结构体系建设

秉承极点带动、多点联动的原则，实施差异发展、梯度推进的策略，以推进科技服务示范机构、科技服务业集聚区、科技服务业示范城市"点、线、面"三个层次试点示范建设为抓手，打造以广州、深圳为中心区，佛山、东莞等其他珠三角城市为主体区，延伸至粤东西北地区的辐射扩散式科技服务网络。

（一）广深中心区

广州、深圳两大中心城市要充分利用丰富的教育、科研、金融、专业服务资源，进一步深化科技服务业态布局，鼓励广州、深圳创建科技服务业示范城市，重点推进研发服务、知识产权、科技金融、技术转移、企业孵化等服务，并依托高水平科技创新平台集聚科技服务人才，打造珠三角城市群科技服务业增长极。

借助粤港澳大湾区建设国际科技创新中心的契机，推动香港、澳门融入珠三角创新体系，充分发挥粤港澳科技和产业优势，积极吸引和对接全球创新资源，建设开放互通、布局合理的区域创新体系。具体包括积极布局推进"广州—深圳—香港—澳门"科技创新走廊建设，探索有利于人才、资本、信息、技术等创新要素跨境流动和区域融通的政策举措，共建粤港澳大湾区大数据中心和国际化创新平台。同时，支持粤港澳大湾区协同提升基础创新能力，在粤港澳大湾区布局重大科技基础设施、科研机构和创新平台，实现珠三角城市群和港澳重大科研设施和大型科研仪器互联共享。推动粤港澳大湾区建立以企业为主体、市场为导向、产学研深度融合的技术创新体系，支持粤港澳企业、高校、科研院所共建高水平协同创新平台，推动科技成果转化。

（二）珠三角主体区

科技服务业作为服务科技创新全链条新兴产业，将在产业融合发展趋势的带动下，在产业组织和商业方式上产生重大变革，实现工业与服务业的深度融合。科技服务企业通过整合跨行业资源，正在向社会提供更加专业化的第三方服务，形成针对健康、教育、能源、环保等垂直领域的专业科技咨询公司和技术服务公司。同时与互联网结合，技术创新联盟、研发外包、研发众包、众创空间、互联网金融等一批创新服务模式和服务业态快速涌现，推动制造业的全球化、信息化、服务化。

具体针对珠三角主体区城市而言，佛山、东莞等珠三角城市要结合创新型城市的建设要求，积极开展与中心城市科技服务业联动布局，通过建立国家级或省级科技服务示范机构、因地制宜创新业态等方式，实现科技服务业创新式发展。支持有条件的珠三角城市加快科技服务业集聚发展，打造特色鲜明、功能完善的科技服务业集聚区。围绕珠江东岸电子信息产业带、珠江西岸先进装备产业带建设需求，培育互联网、云计算等新业态，搭建检验检测、教育培训等公共平台，推动产业融资租赁、研发设计、工业设计、信息系统服务等科技服务领域快速发展。

（三）粤东西北延展区

支持中心区和珠三角主体区龙头科技服务业机构采取设立分支机构等方式支持粤东西北地区科技服务业发展。粤东西北地区要围绕优势产业需求，主动对接中心区和珠三角主体区科技服务资源外溢，大力引进各类科技服务主体，整合科技服务资源，促进科技服务机构集约发展、产业集聚发展，从而实现珠三角城市群科技服务业协同创新，共同支撑珠三角科技产业发展。

具体而言，对于全省生产力服务体系建设而言，要建立常态化的全省生产力促进机构互动机制，构建互联互通线上平台，将珠三角地区优势科技服务资源延伸到粤东西北地区，强化对粤东西北服务机构的帮扶和支持，做到信息互通、资源共享，提高发展的平衡性和协调性。

本章小结

本章在阐述产业链、创新链、科技服务链三链匹配对珠三角地区创新发展重要性的基础上，基于创新链视角构建了珠三角科技服务资源体系，并进一步对珠三角城市群科技服务业的行业结构体系和空间结构体系进行全面介绍与深入分析，立体展现了珠三角地区科技服务资源禀赋、行业格局、空间分布的全貌，为我们深入理解珠三角科技服务资源体系提供了重要视角。

第八章
珠三角城市群科技服务资源共建共享模式

由于珠三角城市间科技服务资源禀赋不均、科技服务能力参差不齐，在某种程度上阻碍了珠三角城市群协同创新，不利于区域长远发展。在此背景下，促进珠三角城市群科技服务资源共建共享成为推动珠三角区域创新发展的重要课题。本章聚焦构建珠三角城市群科技服务资源共建共享模式进行分析和探讨，以期为推动珠三角城市群科技服务业协同发展提供崭新思路。

一、 科技服务资源共建共享的必要性分析

根据熊彼特的创新理论，创新"是流转渠道中自发的和间断的变化，是对均衡的干扰，它永远在改变和代替以前存在的均衡状态"，不断打破原有框架的限制并产生新的要素组织形式，可以使原有各要素间产生更高效整合与发展的能力。提升珠三角经济圈的科技含量，需要对珠三角区域内的整体科研资源进行统筹规划，建立科技服务资源共建共享模式，使科技体系内各个要素之间、科技要素与生产要素之间以及区域内部与区域外部之间进行更好的互动，使之产生更好的化学反应。其必要性如下：

（一）供给与需求的空间不匹配的要求

当前珠三角地区正面临产业结构调整的紧要关头，而产业结构的调整与升级离不开科技知识的有效供给，在这种背景下，需要政府采取相关政策，使现有科技服务资源得以更优配置。珠三角地区的企业规模普遍较小，企业利用科技进行技术创新存在动力不足和能力（实力）不强，当单纯的市场机制无法形成有效的科技服务需求动力及缺少完善的科技服务供需网络时，便需要政策层面的宏观拉动，在尊重市场经济规律的前提下构建珠三角科技服务资源共建共享模式，有利于建立通畅的科技服务资源供需体制。

（二）科技服务资源流动的壁垒或摩擦成本

传统行政管理体制的条块化分割局面，一定程度上影响了科技服务资源在珠三角不同地区间的自由流通，同时造成了科研力量分散、重复建设等现象，这亦是需要对珠三角地区科技服务资源进行有效整合、构建共建共享模式的重要原因。构建珠三角科技服务资源共建共享模式，有利于突破在原有科技体系中存在的由于单位隶属性质所造成的科技服务资源无法共享、资源利用率低等困境。

（三）珠三角内部产业异质性特征的要求

珠三角经济圈本身便是一个具有较强异质性的经济圈，对科技资源的需求亦多种多样，如广州东部、东莞、深圳等东岸区域的知识密集型产业带与广州北部及南部、佛山、中山等西岸区域的技术密集型产业带之间，便具有产业间、科技资源间的互补性要求，特别是高新技术由前者向后者的转移会带动后者产业发展层级的提升。在这种情况下，建立较为完善的、跨地区的科技服务资源共建共享机制便显得尤为必要。

二、 珠三角科技服务资源共建共享的主要模式

推动珠三角城市群科技资源共建共享是一个复杂的系统工程，需要调动与科技服务资源的供给、需求、管理、运营相关的多元主体共同参与才能实现，通过

建立统一的科技资源共享平台，让多元主体能够合理配置资源，从而实现科技服务资源的共建共享。为加快推动珠三角城市圈科技服务资源共建共享，基于对珠三角科技服务现状的分析，我们构建了珠三角城市群科技服务资源共建共享模式（见图 8 - 1）。

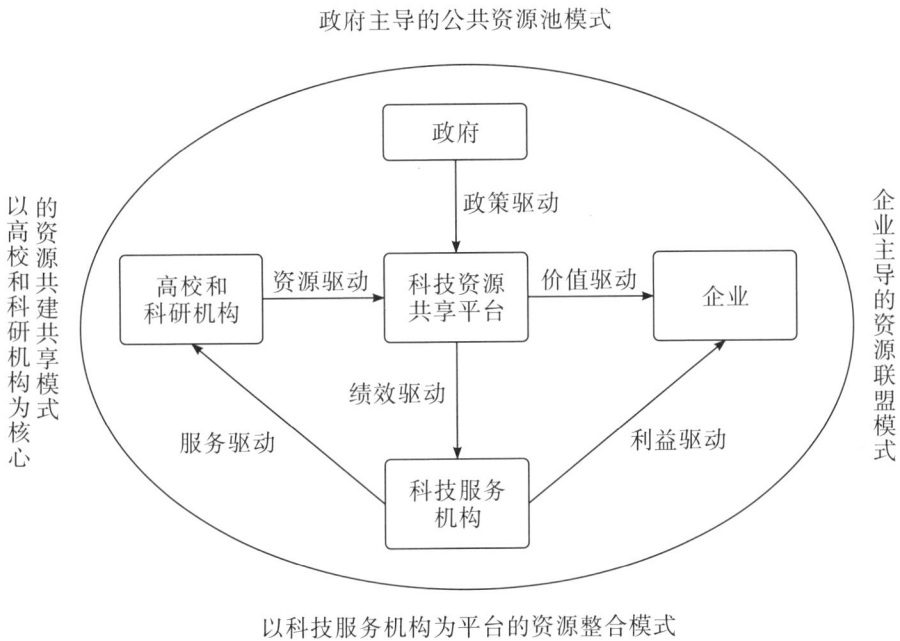

图 8 - 1　珠三角城市群科技服务资源共建共享模式

该模式运行的基本逻辑如下：

其一，政府作为公共政策的制定和实施主体，能够通过政策调节、弥补市场化科技服务失灵，通过供给型、需求型、环境型等多元政策工具支持资源平台建设、扩大全社会科技服务需求、优化科技服务交易环境，为科技资源共享平台建设提供行政支持，实现资源共建。获得充分政府支持的平台通过优异的运行绩效，驱动各类科技服务机构发展壮大。

其二，持续壮大科技服务机构队伍能够通过两种途径驱动资源需求方企业实现创新发展。一是直接通过服务交易等利益机制直接为企业赋能，二是通过优化对高校和科研机构的服务间接驱动企业创新发展，其具体路径是：得益于科技服务机构的服务支撑，高校和科研机构的科研产出更加具有目标导向和应用导向，更加贴合需求方企业的科技需要；高校和科研机构作为科技服务资源的主要供给源头，通过向科技资源共享平台注入高端人才、先进技术、仪器设备、科研成果等服务资源，实现多渠道科技服务资源共建；科技资源共享平台得益于高校和科研机构的充分赋能，能够对资源需求方企业实现价值驱动，助力企业持续提升自主创新能力。

在珠三角城市群科技服务资源共建共享模式中，存在政府、企业、科技服务机构、高校和科研机构四个核心参与主体，四大主体分别通过各自的方式参与科技服务资源共建共享并呈现不同的行动逻辑，换言之，珠三角城市群科技服务资源共建共享模式事实上包含了体现四大核心主体行动逻辑的四种子模式，分别是政府主导的公共资源池模式、企业主导的资源联盟模式、以科技服务机构为平台的资源整合模式及以高校和科研机构为核心的资源共建共享模式。

（一）政府主导的公共资源池模式

这种模式强调科技服务资源共建共享过程中的政府责任，主要通过政府制定相关政策或主动干预来推动科研体制改革。其优势是具有较强的动员力；其劣势是在一定程度上会破坏市场经济自身的规律，灵活度较小，且会出现一些基于行政意愿的政绩工程。

（二）企业主导的资源联盟模式

这种科技服务资源共建共享模式主要是借助市场经济规律，依靠企业利益导向，形成企业间的技术联盟（如"弱—强""强—弱""弱—弱"联合模式）、企业—科研单位（包括大学）技术联盟、企业间优胜劣汰所形成的科技资源集聚（如兼并）等。这种模式较为适合具有较为完善的市场体制、具有较为发达的民营企业的区域，其优势是形式灵活，能够促进并提高企业的积极性。

（三）以科技服务机构为平台的资源整合模式

科技中介组织（如科技咨询公司、生产力促进中心、创业基金、风险基金等）是连接企业、科研单位、社会资金的纽带，可在一定程度上填补单纯市场作用或单纯政府调控所形成的科技服务资源共建共享空白区。

（四）以高校和科研机构为核心的资源共建共享模式

高校、科研机构往往是新知识的发源地，不仅为社会、企业等提供新的知识，同时还为社会及经济的发展提供所需的人才。以大学、科研机构为核心的科技服务资源共建共享模式，能够提升特定区域内的整体知识创新能力，为经济发展提供必需的知识储备。

本章小结

本章基于对珠三角城市群科技服务资源共建共享的必要性分析，构建了珠三角城市群科技服务资源共建共享模式，并就该模式所蕴含的政府主导的公共资源池模式、企业主导的资源联盟模式、以科技服务机构为平台的资源整合模式、以高校和科研机构为核心的资源共建共享模式四大子模式开展利弊分析，以期为推动珠三角科技服务资源共建共享提供全新发展模式选择。

第九章
促进珠三角城市群科技服务资源共建共享的对策建议

服务资源碎片化、封闭化是制约珠三角科技服务业发展的重要因素之一，因此，促进科技服务资源统筹开发和开放共享是推动珠三角城市群科技服务业高质量发展的内在要求与必由之路。只有建立健全科技服务资源共建和共享机制，才能在最大程度上实现对稀缺而宝贵的科技服务资源的有效开发、集约配置及合理利用，进而推动珠三角区域科技创新持续稳定发展。基于此，研究提出促进珠三角城市群科技资源共建共享的对策建议迫在眉睫、意义深远。本章将从健全机制设计和完善政策体系两个维度出发，提出促进珠三角城市群科技服务资源共建共享的对策建议。

一、 健全珠三角科技服务资源共建共享的机制设计

由于科技服务资源共享市场存在市场失灵现象，需要政府通过有效干预手段进行修正和弥补，因此共享激励约束机制建设的目的在于通过各项制度安排实现市场机制与政府调控机制的协调运行。政府在科技资源共享中主要是统筹规划和宏观调控，通过市场导向的顶层设计，对高等院校和科研院所以契约授权明确其科技资源开放的目标，通过引入专业机构进行市场化运营，在政府与市场间建立有效的利益分配机制和信息反馈机制，使政府的委托目标成为代理人的刚性约

束，减少制度弹性空间。

（一）加强制度创新以激发服务主体的积极性

处于转型升级关键期，珠三角地区急需促使科技服务机构在更大程度上发挥出联系科技与经济的桥梁作用。但由于珠三角科技服务业尚处于初级阶段，对政府依赖性也相对较强，这就需要政府通过制度创新来完善科技服务市场，均衡配置服务资源，提升科技服务业的整体服务能力。

一是强化激励措施。珠三角科技服务资源共建共享可通过"创新券"实现激励设计。所谓"创新券"模式，是政府针对科技型中小微企业普遍存在的创新资源缺乏、经济实力有限、创新需求不足而设计发行的科技代金券，是一种事前补贴企业、事后兑现服务的政府购买方式和以需求为导向的新型创新政策工具。"创新券"由政府向资源需求方发放，需求方用创新券向"第三方"服务平台购买共享服务，"第三方"服务平台持"创新券"到政府部门兑现。"创新券"模式有利于降低企业创新成本，增加对科技服务资源共享的需求；调动高校和科研院所服务企业的积极性，增加对科技资源共享的供给；弥补前述完全市场运营模式下政府调控不足的问题，提高政府科技投入的使用绩效，强化对科技资源共享各方的激励。

二是推行分类管理。由于科技服务活动具有公共物品的性质，所以政府需按照"营利性"和"非营利性"进行区别对待，分类推进管理创新。鼓励发展股份制等混合所有制的专业科技服务机构，增强服务机构的独立市场地位。

三是规范行业秩序。搭建系统的管理制度体系，充分发挥地市科技中介同业公会的协调作用，发挥示范性科技服务机构的标杆作用，加强科技服务行业规范管理，促使各级各类科技服务机构合理定位、错位发展，明确法律要求，确定服务模式，营造公平竞争、有序发展、互补共生的市场环境。

（二）完善平台建设以积聚各类创新资源要素

科技服务业属于知识密集型行业，需要信息、知识、设备、场地等各类资源要素的支撑。随着信息技术的快速发展，知识更新速度越来越快，各类创新主体对科技服务的需求在广度、深度上也呈现出不断拓展、细化的趋势。为了降低创新成本，需要进一步强化创新平台建设，优化配置各类科技服务资源。

一是对接产业集群，建设科技园区。我国科技服务业的发展逐步呈现出集群发展的态势，比如中关村西区把科技服务业作为最具特色和优势的产业。珠三角可以学习中关村的建设经验，依托各类科技园区和产业集群，促进面向区域先进制造业和现代服务业的生产性科技服务业集聚。加快推进园区科技服务基地建设，整合园区内的各类科技服务机构，使其可以利用地理优势而节省相互之间的物质、信息流动的成本，节约空间交易成本，提高服务效益，在创业服务、科技金融、技术转移等领域尽快培育一批具有引领辐射作用、市场化运作能力较强的服务机构，带动其他科技服务机构上规模和上水平。

二是完善孵化功能，培育创新成果。多措并举，通过加强市场引导，出台资助政策，鼓励企业自主建设孵化，将在建和已建的科技企业孵化器纳入珠三角科技企业孵化器的管理范围，予以重点培育。同时还可以组织认定一批国家级、省级和市级孵化器，集聚各科技细分业态间所包含的技术、人才、设备和资金等科技服务资源，提升科技服务平台建设水平，由此发挥辐射带动作用。

三是构建大数据平台，对接服务信息。随着"互联网＋"、大数据等信息技术的快速发展，基于互联网的科技服务模式将成为未来重要的服务提供模式。在创新过程中，信息是基础研究、成果转化、投资方向、工艺技术研发等环节的重要前提条件。珠三角科技服务资源共建共享需建立一套适用于科技服务机构的管理应用系统和运行监测分析系统，构建服务机构数据收集、分析、咨询和个性化的专业服务平台，实现科技创新与经济运行监测的信息对接。

（三）深入推进技术经理人培育工作

技术经理人作为一种重要的科技服务资源，是推动科技成果转化过程中必不可少的专业服务力量，对科技成果转化的质量和效率起着至关重要的作用，深入推进技术经理人培育有助于促进珠三角城市群科技服务资源共建共享。

一是利用大数据推动技术和成果信息综合化。深入推进技术经理人培育工作除了要应用普通的培训体系，还应该利用当前的大数据技术，迎合新形势的发展，使得技术和成果信息综合化。正常情况下，技术经理人作为企业和高校或者科研机构的中间人，应该是掌握信息最多的一方，然而在实际的交易过程中双方都对技术经理人有所隐瞒，出现了信息不对称的现象。因此，在深入推进技术经理人培育工作过程当中应该科学、合理地使用大数据技术，详细分析企业与高校之间的相关数据，并通过统计分析出需要的信息，在实际的培育工作过程中强化这方面的内容，使得技术与转化成果能够实现最高的效益。

二是以提高技术经理人创新素养为培育重点。当前技术经理人行业存在人才匮乏、难以深入、收入保障难、培训体系缺乏、职业评价体系缺乏等方面的问题，从最根本来讲，都是由于技术经理人的创新素养不足，在原有的基础上发展力不强。因此，在深入推进技术经理人培育工作过程中，应该将提高技术经理人创新素养作为培育重点，让他们能够在现有的基础上进行创新创造，比如创新培训体系可以在培训过程中显示出更强的专业性，从而培养出更加优秀的技术转移人才。建立一个与中国基本国情和社会制度相吻合的培训体系，不仅能够提高技术经理人的专业素养，还能够保证这个行业在一定程度上得到更长远的发展。另外，技术经理人作为科技人员，其创新发展能力本来就是工作中的关键因素。对技术经理人进行培育的过程，其实就是对技术经理人的一次深造，是他们在实际工作中总结经验并据此来提升自己能力的一次机会，其创新素养的提高可以使得他们在一些技术发展过程中具备基本的思路，不会在实际工作过程中显示出盲目性。这都有助于技术经理人行业的长远发展。

二、 完善珠三角科技服务资源共建共享的政策体系

从整体宏观层面以及政府政策视角看珠三角科技服务资源共建共享，未来可以从优化政府职能、强化市场监管、完善融资体系等方面入手，以宏观环境构建来推动珠三角科技服务业又好又快发展。

（一）优化政府科技服务职能

政府作为经济社会中最大的公共组织，其行为对科技服务业的发展与创新有

着关键作用，是影响珠三角科技服务业发展水平的重要因子。要充分发挥政府在产业发展过程中的引导和调控作用，完善政府科技服务职能，促进科技产业健康发展。具体可从以下两方面着手：

一是实施财税优惠政策。要贯彻落实国家、省、市出台的与科技服务业发展相关的各项税收优惠和价格政策，发挥杠杆作用。落实好高新技术企业优惠税率，对于已认定为高新技术产业的企业，可按照比例减少企业所得税征收税率。扩大对科技服务企业科技创新扶持的资金规模，对科技服务业及相关的战略性新兴产业设立专项发展基金，并规定以一定的百分比逐年递增。

二是强化法律法规建设。除了落实现有的法规之外，规范科技服务行业发展的法律，加大对高新技术专利产品的保护力度。在允许合法的知识产权进行市场流通时要保证专利技术的安全性，促使各科技创新参与主体明晰法律权责利。同时，出于珠三角科技服务业各领域不断快速扩大的现状，在实行简政放权、放宽市场准入的同时，应积极出台监管政策，严格进行资格审查和年度注册登记，加强检测监管。

（二）加强科技交易市场环境监管

珠三角各市科技服务业的发展具有严重的区域不平衡性，发展差距较大，科技资源和科技机构分布不均，需要积极创建良好的市场环境，运用"无形的手"合理配置资源，实现地区科技服务业协同创新、快速发展。具体措施如下：

一是加强科技交易市场的环境监管。有序开放科技服务产业和十大战略性新兴产业市场，打造一个竞争与合作并存、利益与风险共处的积极向上的市场环境，提升创新主体的活跃度。

二是深化商事制度改革。加强对科技服务机构及高新技术企业的组织和管理。重点对战略性新兴产业的科技产品质量与科技服务能力进行专项考核和多维度评价，规范科技市场内各个环节参与者的行为。

三是建立健全社会信用评价体系。在完善服务标准体系的同时，加快构建创新主体的社会信用评价体系，对违反市场交易的行为进行相关监督和惩处，形成良好的行业道德风尚，促使战略新兴企业及科技企业步入规范化、专业化和法制化的市场发展轨道。

（三）完善多元化融资体系

政府在加大财政投入、进行税收补贴的同时，要积极调动社会各界资源，打造一个多样化与多渠道相结合的综合科技融资协同体系。对于国家或省重点支持的战略性新兴产业项目，政府可设立国家级或省级科技创新技术专项基金，发挥专项基金的杠杆作用。支持高校、科研院所运用自有资金设立科技成果转化引导基金，创新机制和运行模式，以自有科技成果为基础构建产学研协同创新服务投资模式。同时为战略新兴企业提供风险补助、贷款贴息、保费补贴、知识产权融资补贴和融资租赁补贴等。

本章小结

本章聚焦破解珠三角城市群科技服务资源碎片化、封闭化问题，从健全机制设计和完善政策体系两个方向出发提出促进珠三角城市群科技服务资源共建共享的 6 条共 14 点对策建议，涵盖强化制度激励、完善平台建设、深化人才培养、优化政府职能、加强市场监管、扩大融资支持等诸多方面，以期为推动珠三角城市群科技服务业高质量发展提供有力支撑，也为其他地区推动科技服务业创新发展提供借鉴启示。

协同

创新篇

第十章
基于产业协同创新的科技服务平台运营模式与价值形成

科技服务平台作为连接产学研等创新主体的载体，旨在为供需双方提供稳定的交易环境，是区域创新体系的重要组成部分，加大建设基于产业协同创新的科技服务平台，有助于整合珠三角城市群的科技创新资源并提供专业科技服务，从而有力推动产学研深度融合与自主创新能力提升。本章从运营模式和价值形成两个维度出发，详细介绍珠三角城市群科技服务平台助力产业协同创新的具体实践。

一、 科技服务平台的主要运营模式

科技服务平台的运营主体大致归为政府（包含隶属或控股下属机构）、企业、第三方机构（行业协会、非营利组织等）三类。下文主要从建设主体或运营主体的视角对现有运营模式进行分类总结。

（一）政府主体与政府主导型

政府是各地科技创新平台建设运营过程中最重要、最普遍的主体，通常具体化为某行政机构、事业单位或全资国企。基于平台运营主体的政府层级差异，平台可分为中央级平台和地方级平台。中央级平台具有宏观和全局视野，强调行业的统领性与覆盖性；地方级平台则更加注重提升科技创新效率、打造强势品牌、构筑区域辐射力和服务区域经济。

美国国家技术转移中心（NTTC）

NTTC 总部设立于美国西弗吉尼亚州的惠灵，依托美国国家航空航天局（NASA）的技术服务机构，在佛罗里达州、得克萨斯州、马萨诸塞州、宾夕法尼亚州、俄亥俄州、加利福尼亚州等地区设立了六大区域技术转移中心。NTTC 通过技术代理人、商业黄金网、技术转移转化培训、技术转移信息出版物等多种"线上＋线下"的方式，快速有效地建立技术发明者与技术需求者之间的联系，解决科技成果转移转化信息不对称问题，将联邦政府资助国家实验室、高校、科研院所等研究机构的科技成果推介到工业界，促进科技成果转移转化。

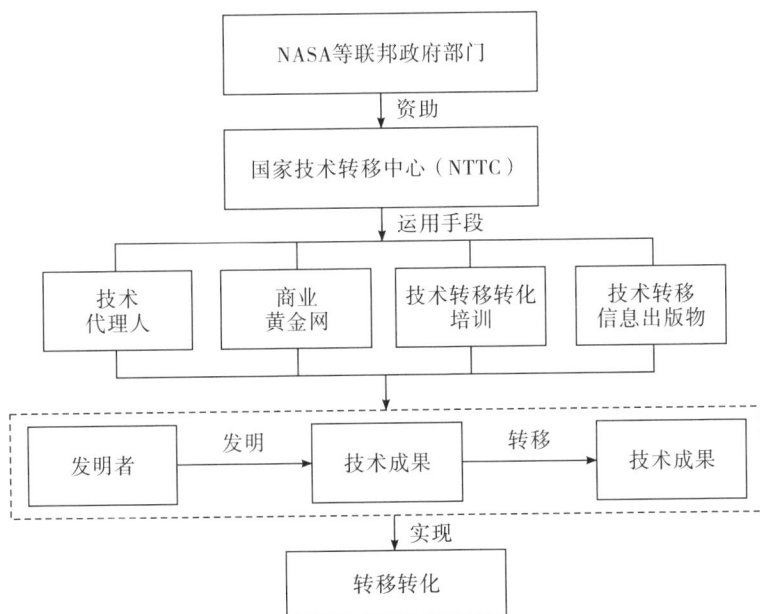

图 10-1　美国国家技术转移中心（NTTC）运作模式

目前，国内各地高新科技园区大都采取政府主体与政府主导型运营模式。通常认为，政府主导在平台建设与运营初期具有显著优越性，但后期应逐步市场化、产品化并转向企业主体运作；政府应逐渐转向宏观调控、战略引导的角色。在当前区域经济竞争激烈的背景下，政府主导型运营模式往往成为促进区域经济发展、打造特色产业的首要选择。

【典型案例】

大湾区科技创新服务中心

大湾区科技创新服务中心是在广州市人民政府的支持下、广州市科技局的指导下，由广州国资发展控股有限公司牵头，联合广东省创投协会等各相关机构共同参与组建的。中心定位为粤港澳大湾区的一站式科技金融服务平台，着力打造"一体系、两联盟、三大数据库、四平台"的运营模式，即"打造粤港澳大湾区的一站式服务体系，打造粤港澳大湾区科技金融联盟和广州市科创板上市促进联盟，重点打造企业数据库、机构数据库、科技成果库，建立创新创业服务平台、成果转化撮合平台、投融资对接服务平台、上市并购平台"。中心在省市区政府的共同推动下快速发展，先后承办了中国创新创业大赛（广州赛区）、粤港澳大湾区创投50人论坛、广州创投周等重要活动，并在省、市、区领导的共同见证下，组建成立了全省首个粤港澳大湾区科技金融联盟以及广州市首个科创板上市促进联盟。未来中心将以联盟为抓手，着力为广州市乃至大湾区内的科技企业提供一站式科技金融服务。

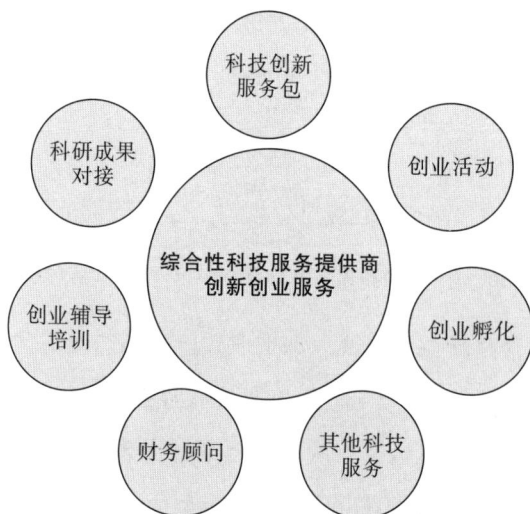

图 10-2 大湾区科技创新服务中心主营业务

在我国当前经济发展阶段，政府主导型科技服务平台运营模式具有在经济博弈中有效聚合行政与商业资源的先天优势。平台运营主体的身份使其能在稳定的资金投入、极低的行政风险和坚实的规划意图背景下，具有高效推动科技平台运营的能力。以政府为运营主体的科技创新平台，在前期规划、设计、投资与建设，后期运营、管理与维护等工作中，基本不存在过多的行政障碍与资金压力。这类平台特征鲜明，如行政体系特色的信息传递机制，管理者大多具有行政、事业编制，运营资金来源于财政预算，平台具有较强的战略性、公益性和社会性等。

通常，科技创新的数量、质量及效率等指标在政府主导型平台运营初期并不能呈现出显著优势，但其运营效率却远高于企业主体的运营；政府主导型模式能有效引导行业协会、高校、科研院所等多方机构参与建设，能够提升多元主体环境下的科技创新效率。此外，产业共性特点使技术资源具有准公共物品属性，企业间存在"免费乘车者"动机与空间，而政府具有市场监督与公证的职能，因而政府主导型模式能较大程度避免或减少共性技术研发的市场和经济风险。

然而，以政府为运营主体的平台模式在科技创新领域具有一定局限性：

首先，决策机制的滞后性影响前沿技术研发效率。政府行政层级的信息传递与反馈规范严谨，在不确定性环境中仍可稳定运作，但这一特性在信息交换频繁的背景下容易导致决策滞后。科技创新追求时效性和前沿性，因此滞后性是政府主导型平台的一个重要缺陷。

其次，政府主导型平台市场导向略低，一定程度影响企业积极性。经济激励是企业对科技服务平台投入的动力，政府主导模式的公益导向与经济导向某些方面存在一定矛盾，因此必然影响企业参与的积极性。

最后，政府主导型平台要素敏感性低、平台运营目标多样化等因素，也是科技创新的市场导向与政府主体性质存在一定冲突的重要原因，客观上影响科技创新的效率。

（二）企业主体与企业主导型

科技创新具有层次、广度、结构与阶段性特征，因此，科技创新主体的规划和运营对于创新效率具有重要影响。运营主体的异质性与资源聚合能力关系密切。政府主体具有聚合和调度资源开展战略性高端技术创新的优势，而企业主体在区域、行业等微观层面开展技术创新更具灵活性。企业作为市场经济中最灵活的一种组织形式，其行为模式、运作方式与管理方式的选择均与市场环境变化发展紧密相关。以企业为运营主体的科技创新平台，其运营模式必然具有显著的自主运营、自主决策、自主完善等特征。基于产权性质视角，企业主导型模式通常可分为纯粹企业运营模式和国企运营模式。严格意义上，国企运营模式应归入政府主导型范畴，它是政府主导与企业主导的一种折中。

典型案例

博士科技

博士科技以科技成果转化全流程互联网服务平台运营为核心，形成了"线上平台＋线下服务""天使投资＋服务孵化"两翼服务模式。科技成果转化线上平台以创新大数据为底层逻辑，形成技术需求、科技成果、人才团队、双创项目、金融基金、产业及科技政策等创新资源库和数据库，并为高校院所、科技企业、服务机构、金融机构、人才团队、技术经理人、技术转移信息机构等用户提供入口和作业工具。

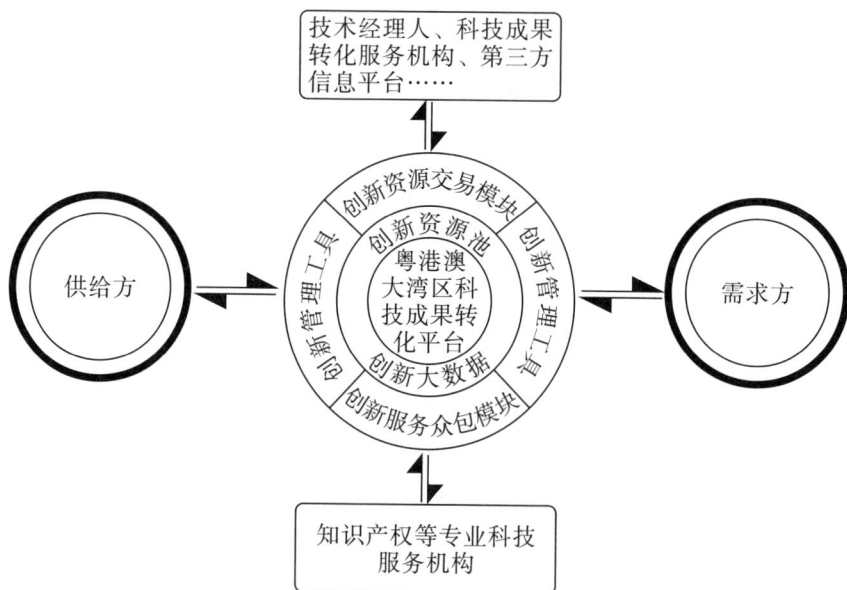

创新资源交易×创新服务众包

图 10-3 博士科技的科技成果转化平台

如图 10 - 3 所示，科技成果转化平台在创新大数据、创新资源池的支撑下，通过创新工具的应用与供给方、需求方、服务方及第三方信息平台形成连接，助力各方开展创新决策、创新管理、科技成果供需信息交流互通、科技成果匹配交易与转移转化等工作，并结合真实服务需求与相关引导扶持政策的驱动，推动服务机构与技术经理人积极依托平台开展科技成果供需信息挖掘呈现及交易对接经纪等活动，引导形成完整的"创新资源交易×创新服务众包"科技成果转移转化服务体系。

以企业为运营主体的企业主导型模式具有如下特征：

一是创新项目规模小、周期短。企业主导型平台大都采取股份制的组织架构，投资的逐利性强，因此平台建设周期短、规模小，主要提供有偿服务。

二是平台的功能与服务市场化程度高。逐利是企业的天然属性，因此平台功能大都以市场需求为起点，盈利效率直接影响平台发展，市场倾向明显。

三是企业主导型平台运营风险较高。以推动科技创新发展为目标的研发投入是高风险行为，而平台的市场化运营过程必然经受市场竞争和挑战。相比具有行政机构性质的政府主导型平台，企业主导型平台政府资源较弱，必须测算研发的筹划、设计、建设、运营、管理和维护成本，因而运营风险相对较高。

拥有市场基因的企业主导型科技创新平台，具有显著的市场化优势，具体显现在以下方面：

一是平台运营体制机制灵活。由于商业资本的逐利属性，企业主体在管理运营的体制机制方面灵活度大、市场化程度高，能够根据市场环境变化及时完善体制机制，这也正是政府主导型平台的缺陷所在。

二是具有极强的市场敏感性。企业熟悉市场、贴近市场且适应市场，企业主导型平台因而具备敏感性、连续性和稳定性。事实上，某些技术和产品更新极快的行业，客观因素决定其技术研发平台必须以企业为主导，才可能实现持续运营和创新，才能发挥科技创新平台的作用。

三是平台具有良好的包容性和延展性。在不同的市场发展阶段和环境下，平台运营方式将因股权结构、资本结构、管理架构及运营方式变化而改变。以企业为主体的企业主导型创新平台具有良好的包容性和延展性，能够根据市场变化低成本、高效率完成调整，相比政府主导型平台更加灵活。

与其优点相对的是企业主导型平台的劣势，主要体现在以下方面：

一是社会资源整合能力较弱。企业主导型平台擅长市场资源整合，但社会资源利用途径、方式与规模相对有限，聚合社会资源与市场资源的能力低于政府，自然地，企业主导型平台在整合和利用社会资源上途径有限、效率不高。

二是平台运营和发展的时间约束较强。企业主导型平台资源具有市场价格的显性成本约束以及研发项目竞争的机会成本约束，同时受市场风险约束和控制。一般地，企业主导型平台力求投资能够契合市场成长背景并快速收获投资回报，因此，这种模式不适合长周期行业和高风险项目。

三是企业主导型平台的创新成果相对封闭。创意、工艺和技术等具有低成本复制和扩散的特征，这是政府和企业热衷科技创新平台建设的动力之一。企业性质决定平台的创新具有市场定价机制，技术创新必然成为具有排他性质的私人产品，一定程度上与科技创新平台建设初衷相背。

（三）第三方主体与第三方主导型

基于科技创新平台的运营主体视角，第三方通常指政府、企业之外的行业协会、管理公司及专注某类市场服务的组织，通常具有中立性、客观性和专业性。市场演化进一步推进分工专业化，而专业化所伴随的优越性又促进第三方主体形式多样化、专业化与权威化。律师事务所、会计师事务所及各种行业协会即为其中代表。

{ 典型案例 }

深圳市科技服务业协会

深圳市科技服务业协会于 2012 年 4 月正式成立，是由从事科技服务业务的单位自愿组成，并经深圳市社团登记管理机构核准注册登记，具有独立法人资格的非营利性社会团体。

协会会员单位包括公共服务类单位、高校/科研机构、研发型企业、技术转移服务机构（技术交易、技术经纪、投融资服务、企业孵化、专业服务、综合服务等）、行业协会等，在深圳科技服务行业具有广泛性和代表性。

协会致力于促进业内的交流协作并形成快速响应机制，提升科技服务的能力和效率，促进行业健康发展，并取得"科技服务促进高新技术产业发展，科技服务依托高新技术产业发展获取更大市场空间"的实际成效。

第三方主体运营的科技创新平台，其运营模式特征与政府主导型和企业主导型存在较大差异：

一是平台经营权与所有权分离。平台运营主体即第三方机构，仅拥有平台的经营管理权而非所有权，因此，第三方并无逐利驱动，其运营管理相对专业客观。

二是主体经营管理权的获得与转让以及权利边界等内容，大都建立于契约框架下。这种合作方式的实质是通过社会分工充分发挥各参与主体的比较优势，使专业资源得到更加科学合理的市场配置。尤其在当前"服务型政府"理念下，政府与企业分别专注于其社会职能与市场职能，将平台的运营管理让渡于第三方机构，将成为社会分工深化的必然。

三是创新平台运营绩效相对稳定。第三方主导型平台运营管理主体的权利义务，基本在设立时约定，因此，平台运营的绩效大都维持在一个区间范围，一定程度上降低了平台投资方的投资风险、运营风险及市场风险；此外，第三方通常具有更加专业、客观和中立的管理技能，因而运营效率高于政府或企业。

第三方主导型运营模式源于市场对专业化分工需求的扩大和深化。通常，不同领域和性质的第三方主体，其专业偏好、管理理念及运营方式存在差别，但运营模式中具有共性优点：

一是运营绩效较高。绩效评价是综合成本、收益、性能和风险等众多指标的综合体系。以具有较强专业属性的行业协会为例，其对特定行业的专业性理解和市场性把握普遍高于政府与企业，科技创新投入的有效性也必然更高，因而第三方运营模式具有较高的平台运营绩效。

二是平台的技术专业性强、兼容性和扩展性更高。政府主导型平台运营的公益性及宏观倾向较强，但运营成本较高；企业主导型平台虽有市场优势，但短期性与功利性一定程度上限制其核心技术的重大创新。相对而言，第三方主导型平台兼具二者优点，能够在平衡风险、成本和效率的框架中较好实现科技创新目标。

三是独立性与合作性较强。第三方主导型运营模式具有其客观基础，即社会制度的契约框架、技术分工的结构框架及市场主体的供需框架。在这样一种立体框架下，第三方主导型运营模式能够对各类资源进行有机组合。在市场主体框架下实现相对独立又保持有机合作，是一种符合现代市场、企业及政府职能定位与发展方向的组织架构。客观上，社会保障、医疗保险及诸多附于政府之上的社会职能，未来也将朝第三方运营发展，这是市场化发展的必然方向。

然而，选择第三方主体的运营模式也存在缺陷，主要表现为以下两方面：

一是专业化程度并无客观尺度。在目前我国市场发展阶段，第三方的专业性、独立性和竞争性，与发达市场相比仍不成熟。尤其法律法规等配套设施，在规范契约或协议框架中解决相关问题的能力较弱，客观上导致对第三方专业化程度的理解具有较大弹性，一定程度上影响技术平台创新绩效的评价标准。

二是第三方主导型模式的行业适应范围较窄。技术创新平台对于运营主体具有一定选择性，而对于第三方运营则具有更高要求。以技术研发为例，对创新方式、程度与价值的判断，需要极强专业型和私密性，并非所有行为都能以契约方式界定其价值、性能和程度。

（四）多主体与混合型

如前所述，基于异质性主体分类的平台运营模式，分为政府主导型、企业主导型及第三方主导型三种。混合型是综合三种运营模式的一种多主体运营组合。

典型案例

美国工程研究中心（ERC）

ERC 面向重大工程科学研究领域设置跨学科课题，由工业界和大学、其他科研机构共同研究，课题研究的目的不止于解决某项技术问题，而是从事研发—中试—产品整个创新成果研发产业化的工作，积极促进企业与大学之间的产学研合作。ERC 的研究费用由联邦政府、州政府、企业、大学和其他科研机构等共同出资构成。工业界在 ERC 的科研中占据重要地位，例如研发经费中来自工业界的比例占 30% 左右，研发设备也是由工业界无偿资助。ERC 的管理方式十分灵活，不同高校在设立 ERC 时，可结合自身管理体系设置合适的中心组织架构。

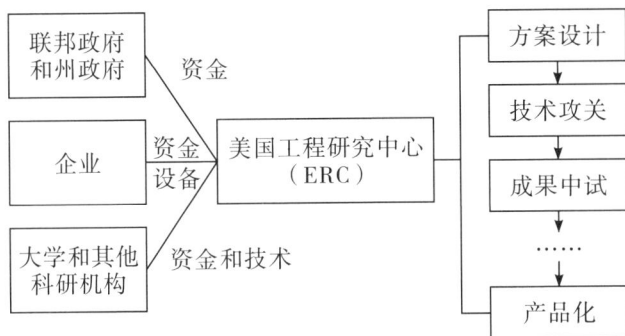

图 10 - 4　美国工程研究中心（ERC）运营机制

相比政府主导型、企业主导型和第三方主导型运营模式，混合型运营模式有其鲜明的优缺点，其优点主要集中于以下两方面：

一是适应性较强。混合型运营模式集合了若干模式的优点，在不同市场环境下具有较高的调整效率。因此，既包含了企业主体内在的市场敏感性，也具有政府的中长期的宏观思维，同时吸收了第三方的技术专业化特点，表现出较强的行业适应性。

二是对时期节点敏感。以政府、企业和第三方为主体的运营模式，对于科技创新平台具有阶段适应性。针对平台发展的不同阶段选择运营主体，其安排本身就构成混合型运营模式。混合型运营模式对平台运营时期节点较为敏感，能够根据运营的阶段节点灵活调整运营主体。以"政产学研"多主体创新平台的混合型模式为例，平台运营前期以政府主导推进建设与运营启动，并引进科技企业推动创新研发，而在平台运营平稳之后，将更侧重于发挥教育、研发与市场功能，政府主导的地位弱化。这种对平台运营时期节点的敏感和应对，本质是科技创新平台对创新技术和市场需求的适配与平衡，充分体现"敏捷治理"的科技治理理念。

此外，混合型运营模式的缺点也体现在以下两方面：

一是灵活性的"度"无从把握。因为异质性主体各有特点，混合型运营模式具有较强灵活性，但行业不同、市场不同、合作架构不同导致运营主体对"度"的不同理解容易产生矛盾。

二是政府的决策强势。混合型运营模式中主体虽然多元化，但政府在运营决策中的影响力最为强大。政府决策者的发展取向、政策变更都能"非正式"地影响甚至左右科技平台的发展方向与运营模式，最终削弱混合型运营模式的多元化优势。

（五）基于运营主体异质性的科技服务平台比较

科技服务平台是我国当前产业经济提升、区域经济发展以及技术进步的重要基础设施。异质性的运营主体对平台的运营绩效产生重要影响。同时，平台的不同功能、不同行业及不同发展阶段，极大影响运营模式的选择；而运营模式是否适应平台特点，也直接影响平台运营效率。如前所述，基于运营主体异质性特征，沿着主体对应的运营模式维度，当前我国的科技服务平台运营模式大致分为政府主导型、企业主导型、第三方主导型和混合型四种。不同运营模式下科技服务平台的比较见表 10 – 1。

表 10 – 1　不同运营模式下科技服务平台差异比较

运营主体	特征	优点	缺点	适用环境
政府	具有事业单位性质，层级管理较为规范	整合社会、经济和人力等各种资源的能力强，投入稳定，具有较强的公益性	决策滞后性；市场性偏弱；要素效率略低	前沿性、战略性、全局性、共性技术突破和创新；高管高控行业科技创新
企业	市场基因带来运营模式的多样性与灵活性，市场化程度高	运营机制灵活，具有市场敏感性，贴近市场，创新与应用契合度好	项目规模小、风险高；社会资源整合能力偏弱，创新科技具有一定封闭性	行业向市场化、规模化、集约化发展过程中专业性、关键性技术的攻坚

（续上表）

运营主体	特征	优点	缺点	适用环境
第三方	所有权与经营权分离，运营主体权利行使包含于合约框架，专业、客观、公正	运营绩效较高，平台专业性、兼容性、扩展性、独立性与合作性较好	专业性评判标准模糊、配套机制不完善时第三方效率受一定限制	进入稳定成熟期的科技服务平台，较多领域交叉的前瞻性技术创新突破
混合型	多元化运营主体，综合性运营特征，较强"阶段性"	市场适应性和运营的"阶段性"较强，运营主体多元化	主体间的协调平衡，对于合作"度"的把握较难	综合性、共性技术创新以及新技术应用推广

二、　基于价值网的科技服务平台价值形成

（一）科技服务平台的价值网

科技服务平台的价值网是以平台用户为核心进行构建的，用户对科技服务的需求直接反映了服务平台的价值主张，影响着平台对相关科技资源的集成。价值网组织者以用户对科技服务的需求为依据，选择能够满足用户科技服务需求的相关机构（科研机构、科技中介机构、培训机构、金融机构、高等院校等）作为节点机构，以科技服务平台为载体，对节点机构提供的科技资源与技术进行有效集成和配置，完成科技金融、技术交易、技术研发、相关培训等科技服务业务，其中涉及相关咨询、评估、试验检测等附加服务。同时，为了保证科技服务业务的顺利进行，平台为用户提供信息管理功能，包括用户的基本信息、已发布信息和对接信息管理、信息发布检索功能、合同管理功能、项目完成后的效果评估功能以及结算支付功能。除此之外，稳定的合约与协议是价值网结构的保障。在科技服务平台中，价值网的组织者与提供资源的节点机构需要建立相关框架协议以保证科技服务平台的顺利运行（见图10－5）。

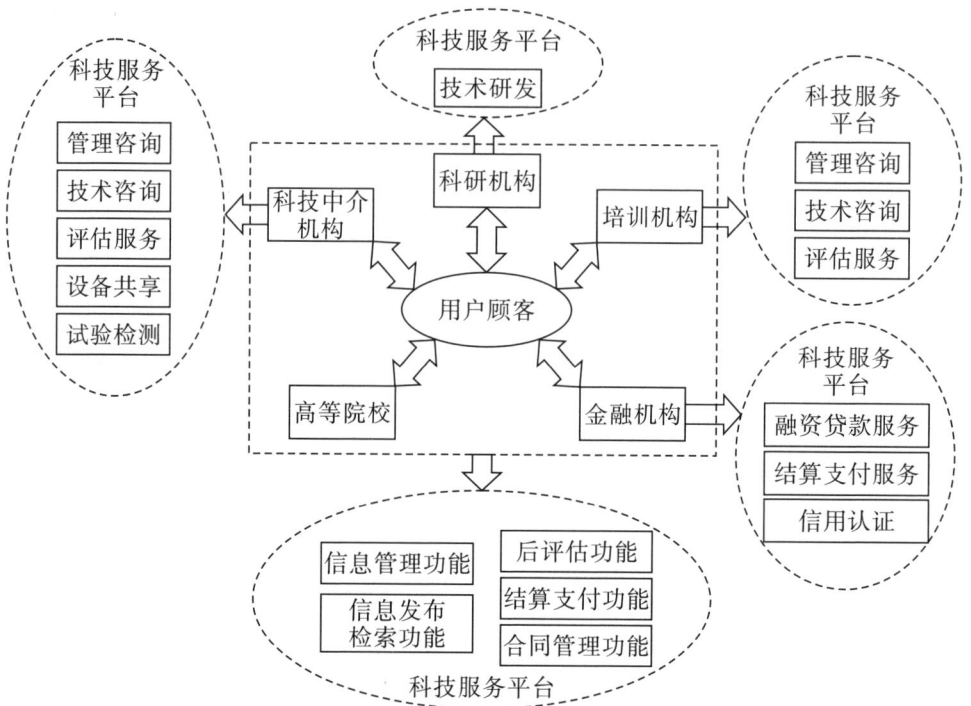

图 10 - 5　科技服务平台的价值网模型

（二）科技服务平台商业模式

科技服务平台提供产品和服务的形式不同于一般企业。科技服务平台是一个多边市场，它连接了多个不同群体，包括科技资源需求方和供给方、提供辅助支撑服务的相关第三方机构以及广告商等。因此，传统企业的线性价值链理论将不再适用。价值网是对价值链横向与纵向的衍生，运用价值网理论研究科技服务平台的商业模式，能够有效地揭示科技服务中价值发现、创造和传递的机制。基于科技服务平台价值网模型，科技服务平台商业模式构成要素主要包括：价值主张、价值创造、价值传递、价值获取、价值分享（见图 10 - 6）。

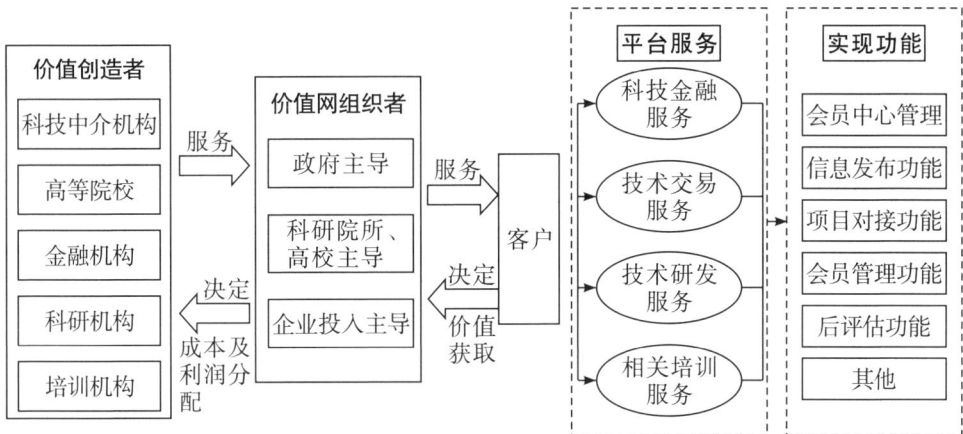

图 10 - 6　基于价值网模型的科技服务平台商业模式框架

1. 价值主张

科技服务平台并不是直接提供产品，而是通过建立平台，促进科技资源需求方与供给方之间的交流，降低交易双方的交易成本，提高交易效率。用户对科技服务的需求则直接反映了平台的价值主张。

2. 价值创造

科技中介机构、高等院校、金融机构、科研机构、培训机构等是科技服务平台主要的价值创造者。在科技服务平台的价值创造过程中，平台通过优化对相关科技服务机构的资源配置，不仅可以为用户提供包括技术转移、技术研发、科技金融、器材租赁等单项科技服务，同时也可以提供科技集成服务，例如在技术交易过程中可能涉及科技金融与人才培训服务。为保证服务质量，平台提供从信息管理到项目对接、对接后的合同管理，以及到最后的后续跟踪评价的一站式服务。

3. 价值传递

科技服务平台是一个多边市场，具有交叉网络外部性的特征，使用平台一方所获得的效用受到其他参与方规模的影响，科技资源需求者在决定是否使用该平台时，势必会考虑平台中科技资源供给者提供资源的属性规模，以此来判断能否从中获取价值。基于该特点，科技服务平台在价值传递过程中一般采取"拉式"

策略，建立激发这种交叉网络效应的功能机制。科技服务平台将科技资源供给方作为"被补贴方"，以免费策略吸引拥有科技资源的知名机构、企业入驻平台，巩固平台发展；随着该平台资源的大量集聚，这种网络效应会激发科技资源需求者加入平台，增强需求者的平台使用意愿。此外，平台需对不同的科技资源进行细分，满足用户不同的资源需求，并根据不同服务内容和服务要求设计相应的业务流程，从而提高价值传递效率，避免价值不能有效地传递给客户。

4. 价值获取

科技服务平台多边市场的定位，决定了其差异化的定价策略，在不同阶段设计不同的"付费方"和"被补贴方"。以平台的全生命周期为维度，结合平台各阶段的发展特点，其价值获取策略主要包含以下几个方面：第一，在科技服务平台的起步期，平台需要集聚大量科技资源，此时会采取以科技资源供给方为"被补贴方"、科技资源需求方为"付费方"的定价策略。"付费方"群体是平台收入的主要来源，具体的盈利点包括用户之间信息浏览权限、需求方在获取供给方项目信息后需要进一步与对方联系所支付的费用、用户对接完成交易后支付的交易佣金等。第二，在科技服务平台的发展期，平台已经积累了一部分用户与资源，这一阶段"付费方"主要还是科技资源需求方。但为提高用户使用平台黏性，平台可以为需求方提供部分免费体验服务，如一段时间的信息浏览权限、下载时间较旧的报告数据，而最新的相关数据报告则作为平台的盈利点。第三，在科技服务平台的成熟期，平台的网络效应吸引了大量的平台用户，平台连接的每个群体对平台具有较强归属感，此时，平台需要采取用户过滤机制设定平台"门槛费"确保用户资源质量。该阶段部分"付费方"包括科技资源需求方、部分科技资源供给方、广告商和其他平台方，"被补贴方"包括为用户提供科技服务支撑的相关第三方科技服务机构。平台主要采取多元定价策略，针对不同的服务内容实行不同的定价甚至相同服务内容的差异化定价，例如平台用户发布信息竞价排名、各个用户之间的评估信息的访问权限等；同时，平台可以为用户提供小额多样化的增值服务，服务内容包括咨询评估、代理、追踪、线上推广、信用担保等。第四，在科技服务平台的衰退期，平台需要去维护用户黏性，可以将一系列的服务进行打包推送给用户，更多实行的是"打折"定价策略，例如不定期地为用户推送一些折后服务。

5. 价值分享

价值分享是科技服务平台商业模式的独特构成要素。科技服务平台通过一系列的盈利模式获得盈余后，有一部分必须让渡给价值网中的其他参与者。在科技服务平台价值获取中已经体现出价值分享的机制，平台中的"被补贴方"即是价值分享的对象，平台会根据对象的不同采取不同的价值分享机制。对于科技资源供给者以及其他的第三方相关科技服务机构，平台更多地是以利润分成的方式共享价值；对于需求者来说，平台则更多地为其创造更大的服务价值，使得需求者效用最大化，例如完成交易对接后平台推送其他免费体验服务。只有这样才能提升价值网中的多边群体对平台的依附性，促进各方的协调发展。

三、 珠三角城市群面向先进制造业的科技服务平台

（一）科技服务平台与先进制造业协同发展

先进制造业具有技术先进、知识密集、成长性高、带动性强、覆盖产业种类多、应用性强等特征，其发展催生了大量专业化、聚集化、链条化、个性化的科技服务需求。伴随经济发展，服务业与制造业之间既有的边界愈发模糊，逐渐呈现出融合发展的趋势。而科技服务平台通过整合多样化、分散化、易逝性与稀缺性的科技资源，加快先进制造业技术创新，一方面促进制造业创新发展，另一方面通过大数据、信息技术促进制造业服务化转型。可见，科技服务平台在先进制造业的发展中具有极大的推动作用，是先进制造业与科技服务业融合发展的重要桥梁。

如图10-7所示，科技服务平台与先进制造业之间并非单向促进的关系，而是相互作用、协同创新的。一方面，科技服务平台通过集成多方资源为先进制造业创新发展提供知识、技术、资金等各方面支持，为成果转移和转化提供重要基础条件，是先进制造业高效、顺利进行创新活动的强有力支撑工具。科技服务平台是创新型组织生存、发展和竞争的基础，创新型组织借助平台培养创新能力，优秀的产业集群往往以平台为中心来展开。科技服务平台的作用便是通过整合自

身资源以促成增长极的形成，带动周边经济的增长，推动产业链联合形成产业集群，促进制造业的发展。另一方面，先进制造业对科技服务平台发展具有反向推动作用。先进制造业因自身的特点，对平台的功能与服务不断提出更高的要求，倒逼平台审视自身并持续进行变革和创新，逐渐扩大服务范围，提高服务效率；先进制造业在获得其所需服务的同时也必然会为平台的发展"买单"，从而进一步推动科技服务平台的发展。

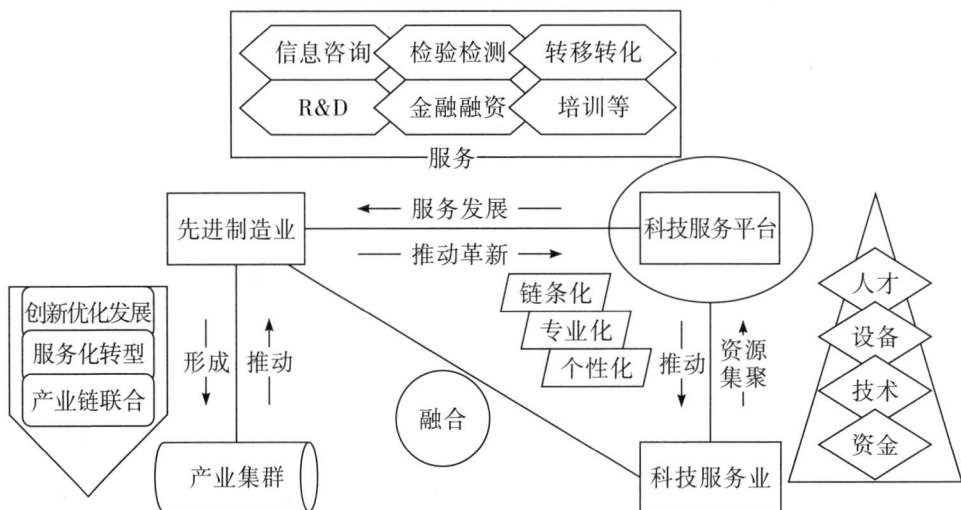

图 10-7 先进制造业与科技服务平台协同发展关系图

（二）科技服务平台运作原理

科技服务平台本质上是一个生产运作系统，其对先进制造业的服务过程是一个"投入—转化—产出"的过程。通过平台的资源集成和供需匹配，最终形成成果产出服务于先进制造业的创新发展。整个过程以企业的需求为起点，继而由平台通过需求匹配向相关高校和科研院所提出资源需求，高校和科研院所通过创新研发完成创新资源向企业的流入。在此过程中，部分成果还将回流作为下一阶段服务的资源投入，从而持续不断为制造业带来效益。由此可见，科技服务平台的高效运作既需要资源的集成，也离不开相关主体的协作。其中，企业是最重要的创新活动行为主体，是市场的开拓者与科技服务的需求方，企业需求可以充分激发各参与主体的积极性，促进各主体之间的协同与联动。高校与科研机构是平台创新资源的主要提供者，通过开展研发工作，推动科技成果转化与产业化，为知识创造与技术创新提供支撑。政府部门作为重要的后方保障，通过营造良好的环境，为先进制造业的创新活动提供保障和服务。在中小企业的技术创新和产品开发实践中，金融机构可以为其提供强有力的资金支持。平台管理方通过管理运营平台，将各主体紧密联系起来，使创新资源完整汇聚并有效分配，加快成果落地并推动企业创新，服务于先进制造业的发展。

科技资源的数量和质量决定了科技成果的产出水平，主体协作是平台实现供需均衡并提供有效服务的基础和保障。只有依靠政策支撑、需求驱动、资源共享、合作引导、多方联动，科技服务平台才能持续发展，促进先进制造业的技术创新。

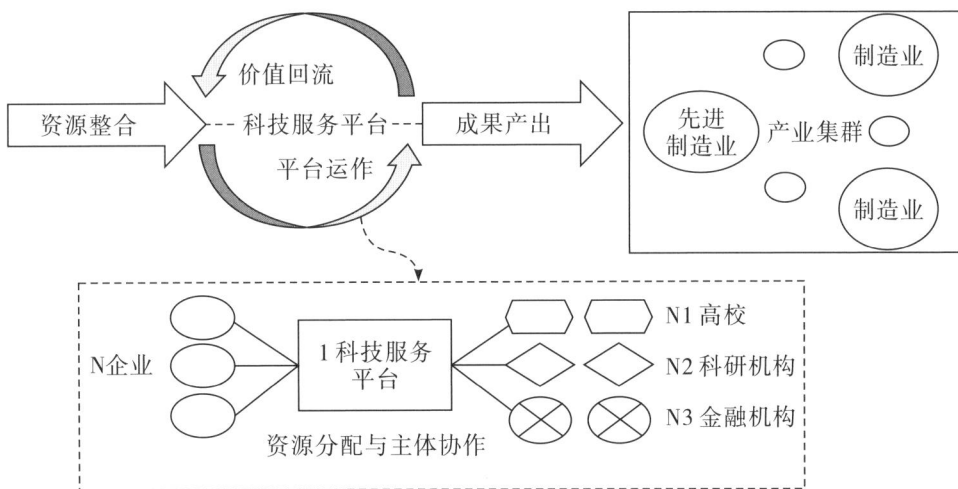

图 10 - 8 面向先进制造业的科技服务平台运作过程

本章小结

本章结合珠三角城市群科技服务平台建设典型案例，系统介绍了科技服务平台运营的四大模式并开展异质性比较分析，同时运用价值网理论深入阐释科技服务平台价值形成机制，有助于我们深刻了解和把握珠三角城市群依托科技服务平台建设促进产业协同创新的先进经验、模式选择及其内在逻辑。

第十一章
重点产业科技服务体系建设的国际经验

他山之石，可以攻玉。学习借鉴国际上科技发达国家和地区推动科技服务体系建设的成功经验与有效做法，可以为珠三角城市群乃至全国加快完善科技服务业体系提供有益启示。本章重点介绍全球主要科技强国在推动重点产业科技服务体系建设的经验做法，以期为我国聚焦重点产业完善科技服务提供国际经验借鉴。

一、 科技政策服务为重点产业营造良好发展环境

为推动本国制造业重点产业健康发展，美国、德国、英国、日本等发达国家纷纷打造服务型政府，根据本国具体实际，推出促进本国国内重点产业发展的科技服务政策，为重点产业营造良好的发展环境。

（一）各国连续出台国家级重要文件

美国近年来出台的主要政策包括《重振美国制造业框架》《先进制造业伙伴计划》《美国工业发展规划》《先进制造业国家战略计划》《振兴美国制造与创新法》《美国创新战略》《美国制造计划》《美国创新与竞争力法案》《美国先进制造领导力战略》等；德国近年来出台的主要政策包括《数字议程 2014—2017》

《数字化战略2025》《德国工业战略2030》等；英国近年来出台的主要政策包括《工业战略：政府伙伴与工业之间的关系》《高价值制造战略》等；日本近年来出台的主要政策包括《产业竞争强化法》《工业价值链参考架构》等。

（二）明确产业发展重点

美国制造业产业发展的重点是工业互联网，并以此来保护经济，扩大就业，构建弹性供应链，从而打造强大的制造业和国防基础；德国产业发展的重点是"工业4.0"，建设智能工厂；英国制造业发展的重点是利用新技术重构制造业价值链；日本制造业发展的重点是推行机器人大国战略。

（三）明确科技政策目标

美国科技政策的目标是保持全球领导地位，构筑技术高地，应对金融危机，解决劳动力成本上升和工业空心化的问题；德国科技政策的目标是确保全球工业领域领先地位，提升全球价值链分工地位，打造数字强国，应对金融危机；英国科技政策的目标是应对金融危机，遏制工业空心化趋势，维护经济韧性；日本科技政策的目标是巩固"机器人"大国地位，改善制造业低收益率的局面。

二、　积极打造科技服务平台促进重点产业不断创新

其一，强化政府对社会化科技创新平台建设的引导，促进制造业重点产业创新发展。美国在2012年就提出了建立国家制造业创新网络，并陆续建立了美国制造、数字化制造与设计创新中心、未来轻量制造、美国合成光电制造、美国柔性混合电子制造中心、电力美国和先进复合材料制造创新中心等制造业专业创新中心，通过巧妙设置的多层次会员制度，吸收政府部门、大中小企业、行业联盟与协会、高等院校、社区学院、国家重点实验室以及非营利组织等各类会员，形成了政府指导下的全国性制造业"政产学研"协同创新网络（见图11-1）。德国史太白网络的历史更为悠久，从1971年恢复成立之后，就在巴登-符腾堡州政府通过无偿资助及购买服务等方式的倾力支持下，开展技术咨询服务，并逐步

孵化出了众多提供跨区域先进制造业科技服务的企业，建立起了跨国家的技术转移平台，成为国际化、全方位、综合性的技术转移网络。在德国政府的精心培育下，史太白网络逐渐形成了一个拥有 1 072 个专业技术转移中心的国际技术转移网络，业务覆盖了研发、咨询、培训、转移等环节，范围也由巴登 - 符腾堡州扩大至德国各地和全球 50 多个国家。虽然 1999 年起史太白网络放弃了州政府每年的财政补贴，但州政府仍然通过税收优惠政策持续支持史太白网络的发展。

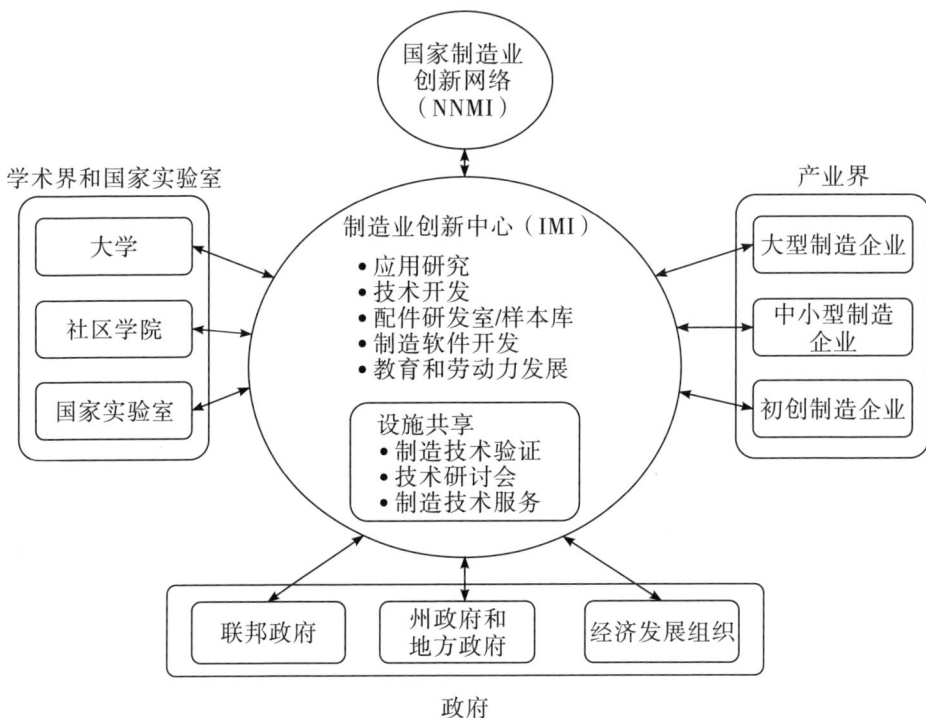

图 11 - 1　美国国家制造业"政产学研"协同创新网络

其二，从国家层面积极为重点产业提供一揽子科技服务资源。美国科技信息门户网站 SCIENCE. GOV 致力于打造联邦科技服务的入口，已经建立起的包括研发成果在内的权威联邦科技信息横跨 60 多个数据库、超过 2 200 个网站、2 亿多个页面，形成了资源协同、跨数据库、跨网站、跨机构的科技服务巨型资源系统。

三、 强大的信息服务业为重点产业发展提供技术支撑

在制造业重点产业科技服务领域中，工业软件全面参与制造业重点产业的研发、运营与生产制造，具有极为特殊的地位。按照应用在产业链中的位置，工业软件可以分为研发设计、运营管理、生产控制三大类。除了工业软件之外，由于制造业还需要先进信息通信技术的支撑，因此包括操作系统、数据库、云计算、大数据、人工智能等在内的通用基础软件，在重点先进制造业中也有着决定性的作用。无论是工业软件还是通用基础软件，美国都有着极其雄厚的产业基础（见表 11 - 1）。

表 11 - 1　美国主要的工业软件和通用基础软件

序号	类别	主要软件
1	CAD 软件	AutoCAD、3Dmax、Pro/Engineer、UniGraphics
2	CAE 软件	Ansys、Nastran、Fluent
3	EDA 软件	Synopsys、Cadence Mentor
4	ERP 软件	SAP、Oracle、Infor
5	MES 软件	MOM、FlexNet、FAB300、PROMIS、Aspen
6	操作系统	Windows、Unix、Linux、Android、Mac OS、iOS
7	数据库	Oracle、DB2、MySQL、SQL Server、NoSQL
8	编程软件	Visual C + +、Java、Perl
9	数据分析软件	Mathematica、Matlab、Tecplot
10	专业计算软件	Gaussian、Materials、Studio
11	云计算软件	AWS、Salesforce、VMware
12	大数据软件	Apache、DataX、Spark
13	AI 平台	Tensorflow、PyTorch、SystemML、DMTK

四、 不断探索重点产业技术理念和体系框架

从科技服务技术研究方面来看，美国提出了工业互联网技术框架；德国提出

了"工业4.0"技术框架；奥地利维也纳技术大学所提出的 SMART – FI 框架，具备了面向服务的架构和计算、数据协同、个性化服务协同、系统协同等功能。

本章小结

本章简要梳理了全球科技发达国家重点产业科技服务体系建设的成功经验和先进做法，发现持续完善政策顶层设计、积极打造科技服务平台、加快发展信息服务业、不断创新技术理念和体系框架是行之有效的国际经验，将为珠三角城市群乃至全国推动重点产业科技服务体系建设提供有益借鉴。

第十二章
珠三角城市群重点产业科技服务发展现状

电子信息、高端装备制造和生物医药是珠三角城市群着力发展的重点产业，加快推动以上三大重点产业创新发展是珠三角地区立足自身优势、着眼长远发展所作出的重大战略决策，也是珠三角地区加快推动产业转型升级、培育经济发展新动能、构建现代化经济体系的重要举措。本章聚焦珠三角城市群三大重点产业，在产业现状分析的基础上考察科技服务发展情况，以期为推动三大产业高质量发展提供更为专业、系统、精准的科技创新服务。

一、电子信息产业

珠三角地区的电子信息产业是广东省第一大支柱产业，也是广东省电子信息产业的核心集聚区，2021 年广东规模以上电子信息制造业营业收入 4.56 万亿元，占全国的 32.3%。近年来，在深圳的辐射带动和产业外溢效应下，珠三角电子信息产业不断崛起，并形成分工明晰的产业带，呈现出集群式发展趋势。

（一）电子信息产业发展现状

1. 产业整体运行态势良好，创新产出位居全国第一
广东电子信息产业规模连续 15 年居全国第一，约占全国的三分之一，珠三

角地区已经成为中国乃至全球最重要的 IT 产品制造基地。从广东省的宏观数据上看，2019 年广东省电子信息产业工业总产值为 43 862.51 亿元，占全省工业总产值的 28.45%，平均年增长 9.0%，近年来年增长维持在 7.5% 左右，远超行业平均增长率 4.7%（见图 12-1）。

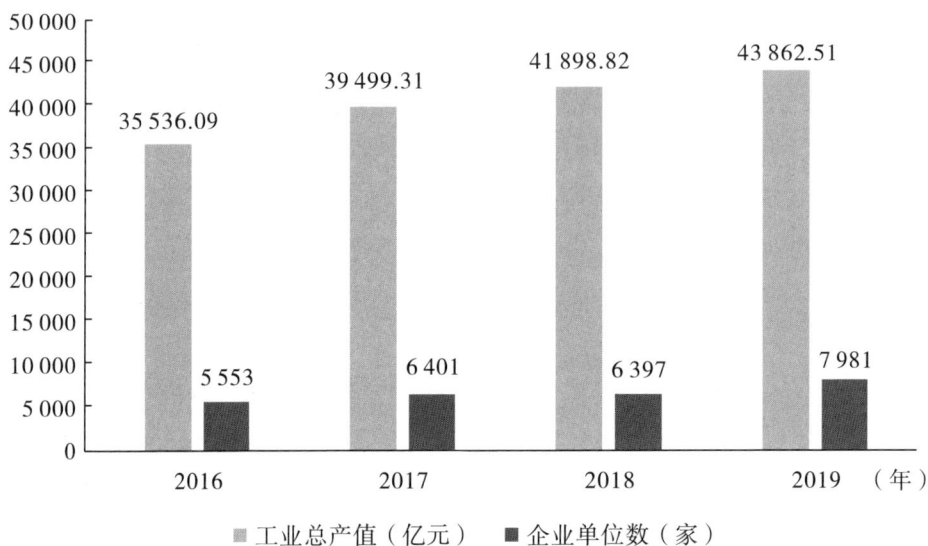

图 12-1 广东省电子信息产值及企业数量

数据来源：《广东省 2020 年统计年鉴》。

2019 年广东省电子信息产业的企业单位数量为 7 981 家，2019 年公布的中国电子信息产业百强企业中，广东省以 24 家名列第一，远远领先排名第二的省份（仅 13 家），并且这些企业都位于珠三角地区，包括华为、TCL、中兴通讯等行业头部企业（见表 12-1）。

表 12-1 2019 年中国电子信息企业百强（珠三角企业）

名次	企业名称	细分行业	所属地
1	华为技术有限公司	通信设备	深圳
10	TCL 集团股份有限公司	家用电器	惠州
13	中兴通讯股份有限公司	通信设备	深圳

（续上表）

名次	企业名称	细分行业	所属地
21	康佳集团股份有限公司	家用电器	深圳
23	欧菲光集团股份有限公司	光电模组	深圳
27	创维集团有限公司	家用电器	深圳
32	天马微电子股份有限公司	显示面板	深圳
40	广东德赛集团有限公司	汽车电子、LED	惠州
42	深圳华强集团有限公司	电子产品分销	深圳
43	欣旺达电子股份有限公司	电池产品	深圳
53	深圳市三诺投资控股有限公司	消费电子	深圳
55	广州视源电子科技股份有限公司	电子设备	广州
56	广州无线电集团有限公司	通信设备	广州
61	普联技术有限公司	通信设备	深圳
65	广东生益科技股份有限公司	电子元器件	东莞
66	深圳市兆驰股份有限公司	消费电子	深圳
69	惠科股份有限公司	消费电子	深圳
71	华讯方舟科技有限公司	通信服务	深圳
74	深圳传音制造有限公司	消费电子	深圳
82	深圳市共进电子股份有限公司	通信设备	深圳
83	深圳市泰衡科技有限公司	消费电子	深圳
85	深圳市长盈精密技术股份有限公司	电子元器件	深圳
95	深南电路股份有限公司	电子元器件	深圳
97	深圳市新天下集团有限公司	消费电子产品	深圳

数据来源：广东省工业和信息化厅。

截至 2020 年底，广东省新一代信息技术产业的有效发明专利数量 9.86 万件，位居全国第一。其中电子核心产业、新兴软件和新型信息技术服务业的有效发明专利数量分别为 1.97 万件、1.08 万件，分别占比 20.04%、10.94%。

截至 2020 年珠三角企业有效发明专利量排名前十的企业大部分属于电子信息行业（见表 12 - 2）。

表 12 - 2　截至 2020 年底珠三角企业有效发明专利量排名前十位

序号	名称	数量（件）	地区
1	华为技术有限公司	33 878	深圳
2	中兴通讯股份有限公司	14 601	深圳
3	OPPO 广东移动通信有限公司	10 187	东莞
4	腾讯科技（深圳）有限公司	10 117	深圳
5	珠海格力电器股份有限公司	8 971	珠海
6	比亚迪股份有限公司	4 333	深圳
7	深圳市华星光电技术有限公司	3 739	深圳
8	维沃移动通信有限公司	3 376	东莞
9	广东美的制冷设备有限公司	2 525	佛山
10	宇龙计算机通信科技（深圳）有限公司	2 374	深圳

数据来源：广东省知识产权局。

2. 重点细分领域拉动产业增长

从产业细分领域的发展上看，珠三角电子信息制造业围绕"一通一件一业态"（通信设备制造、电子元器件与专用材料及其他新兴业态）布局，促进电子信息制造业平稳增长和创新突破。在电子信息产业 9 个中类行业中，2020 年前三季度通信设备制造业实现工业总产值 1.54 万亿元，占广东电子信息产业集群总产值的 51.5%，雄踞细分领域第一，拉动电子信息产业集群增长 3.2%；其次是电子器件制造，工业总产值 4 223 亿元，占 14.3%；电子元件及电子专用材料制造工业总产值 3 885 亿元，占比 13.1%（见图 12 - 2）。

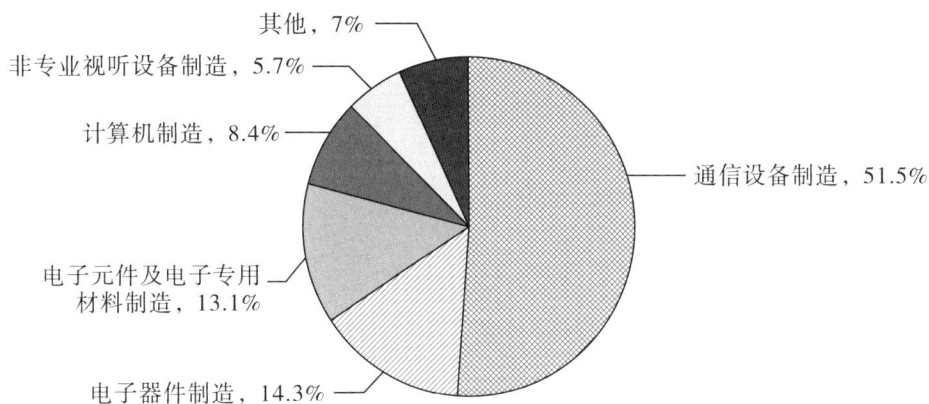

图 12 - 2　广东省电子信息产业总产值分布（2020 年前三季度）

数据来源：中商情报网。

在通信设备领域，珠三角核心网设备企业以华为与中兴为核心，随着我国对通信设备固定资产的投入与"5G +"新基建战略的提出，在周边延伸出大量产业链配套领先厂商。其中华为 2020 年营业收入达 9 000 亿元，全球部署 5G 基站150 万台；在接入网设备方面，我国当前主流的接入方式为光纤接入和无线接入两类，珠三角代表企业为特发信息，2019 年营收规模达 49 亿元；在终端设备方面，固定通信网络主要包括宽带网络终端、xDSL 接入终端、IPTV 机顶盒等，移动通信网络主要涵盖手机、平板电脑等，珠三角代表企业包括步步高、侨兴等，在国内固定通信网络与移动通信网络均占有大量市场份额。

在电子元器件及专用材料领域，珠三角电子元器件产业以深圳为核心源头，2018 年全市出产集成电路、分立器件、电子元件数量分别为 255.11 亿块、98.88亿只、1 591.71 亿只。全国电子元器件前 100 强企业中，深圳占 15 席，培育出立讯精密、崇达电子等行业龙头企业，集中在屏显示器件、电路板、电子变压器、电感器、连接器等领域。目前，受土地空间限制，深圳电子元器件产业现已逐步向外扩散，东莞、惠州等城市凭借地缘优势承接深圳外溢电子信息产业，涌现出大量电子元器件领域中小企业。

在计算机领域，珠三角计算机整机制造龙头企业包括长城电脑、联想、神舟等，以生产个人计算机与工业控制计算机为主。现阶段由于智能手机的快速发

展，个人计算机（包括个人计算机与个人平板电脑等）市场受影响持续萎缩，
而工业控制计算机领域由于背靠广阔的制造业市场，软件及硬件领域持续增长。
总体上看，珠三角地区仍保持全国领先的计算机设备制造能力。

在非专业视听设备领域，珠江东岸尤其是深圳与惠州作为全省数字视听产
业集聚地，聚集了 TCL、创维、康佳等国内乃至国际一线电视厂商。以惠州为
例，2019 年全市彩色电视机、锂离子电池、电视接收机顶盒、组合音响产量
分别占全省的 29%、24%、41%、44%。从行业的发展趋势上看，未来非专
业视听产业虽然规模上呈整体下降趋势，但智能化、专业化、个性化的新产品
如 OLED、QLED、激光、AI 高品质电视等将不断涌现，并为市场创造更多的
利润增长点。

3. 深莞领跑珠三角电子信息产业

在珠三角九市中，深圳电子信息产业遥遥领先其他各市，2019 年规模以上
电子信息企业共计 3 143 家，产值 22 373 亿元，占全国电子信息产业近六分之
一的产值。东莞居全省第二，全市 1 134 家规上电子信息企业创造了 10 081 亿
元产值。惠州及广州属全省第二梯队水平，年产值分别为 2 788 亿元及 2 092
亿元（见图 12 - 3）。

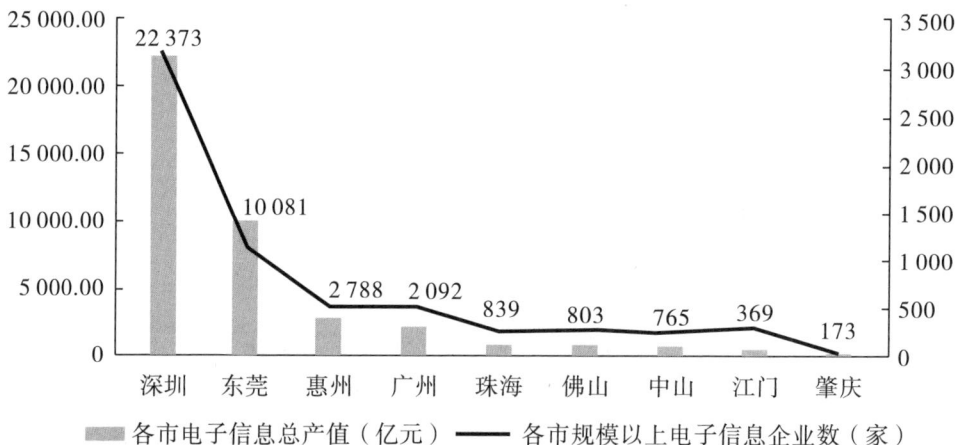

图 12 - 3　珠三角 2019 年规模以上电子信息产值及企业数量

数据来源：《广东省 2020 年统计年鉴》。

从产业分工上看，珠江两岸承载的电子信息产业各有不同。东岸深莞惠三地电子信息产值均占当地工业总产值 50% 及以上，电子信息产业属当地绝对支柱产业，且细分产业以屏显示器件、通信设备、消费电子等高端电子产业为主，具有规模大、层次优、产业关联性强等特点。西岸则以灯饰照明、家用电器等传统电子信息产业为主，虽然部分城市也通过产业扶持政策外引内育部分电子信息领域核心产业（如珠海发展集成电路等），但从规模、层次与集聚度上均落后于珠江东岸三大核心城市（见图 12－4）。

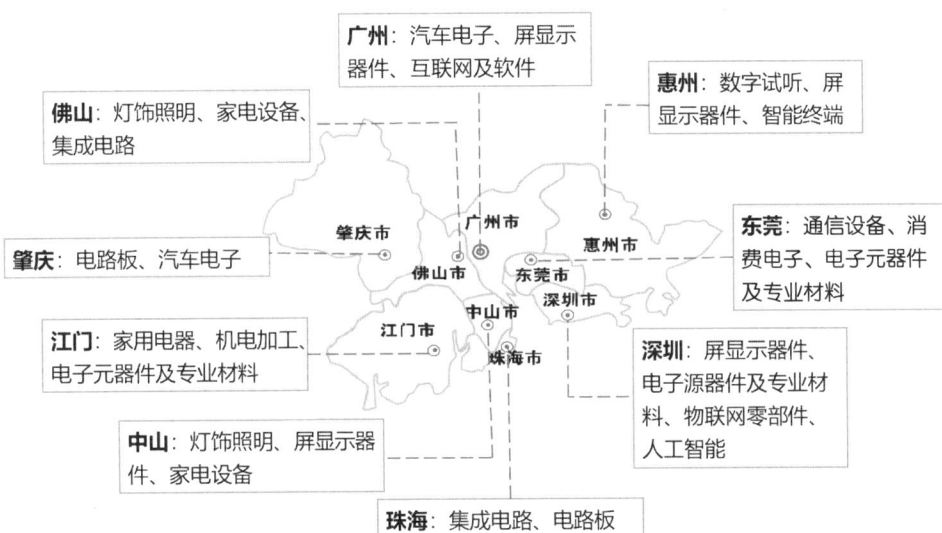

图 12－4　珠三角地区电子信息产业布局

数据来源：广东省统计局、平安建投产业研究院。

（二）电子信息产业科技服务现状

1. 电子信息产业对科技服务的需求

电子信息产业的每个领域几乎都涉及硬件、软件和服务业三大部分，其主链条抽象为硬件、软件、服务三个主要环节。电子信息产业链各环节对科技服务业产生了相关需求，同科技服务的各种功能和业务类型之间不断进行着动态的耦合与匹配，如图 12－5 所示。

产业链 →	产业规划市场 →	核心关键件市场 →	产业规划市场 →	
技术链 ←	技术标准 ←	核心关键件技术 ←	产业构造技术 ←	

| 1.（AVS）数字音视频编解码技术标准：关键技术研发、知识产权申请与处理、标准制定与验证、核心软件开发——知识产权/科研机构研究标准、行业制定标准。
2.第三代移动通信TD-SCDMA标准：采用智能天线、软件无线电、联合检测、接力切换、下行包交换高速数据传输等一系列高新技术——自主研发/龙头企业产生标准。
3.信息设备资源共享协同服务标准(闪联标准)、高清碟机标准——自主研发/科研机构研究标准、行业制定标准。
4.可移植的操作系统接口（POSIX）基本规范（ISO/IEC9945）。电子设备环境高层协议MIL-STD-I553B注2（FC-AE-1553）（ISO/IEC14165-312），系统间远程通信和信息交换：计算机支持远程通信应用（CSTA）阶段Ⅲ的XML协议和服务——引进/国际标准。 | 集成电路设计技术、集成电路芯片制造技术、片式和集成无源元件技术、IPTV技术、薄膜倒装芯片技术等——引进创新改进 | 集成电路测试技术、商品造型设计、外装结构设计、封装装配技术等——自主开发、创新改进 | | |

耦合与匹配	高新技术研发、科技成果孵化转化、技术创新服务、工艺创新服务、产品标准制定、企业管理服务、人才培训、知识扩散、知识产权等	技术检测、工程技术、产品关键件核心技术研发、产品创新服务、核心结构设计、知识产权、技术标准化平台、标准认定与维护服务等	技术贸易、产品辅助技术研发、产品概念设计、外装结构设计、产品造型设计、商品包装设计、市场营销策划
	科技服务类型		

研发服务	技术检测	实验试验	工业设计	人才培训				技术转移	技术成果	技术扩散	创新投资	信息服务
研究开发链中的配套服务						科技产业链中的配套服务						
科技服务业的基本功能												

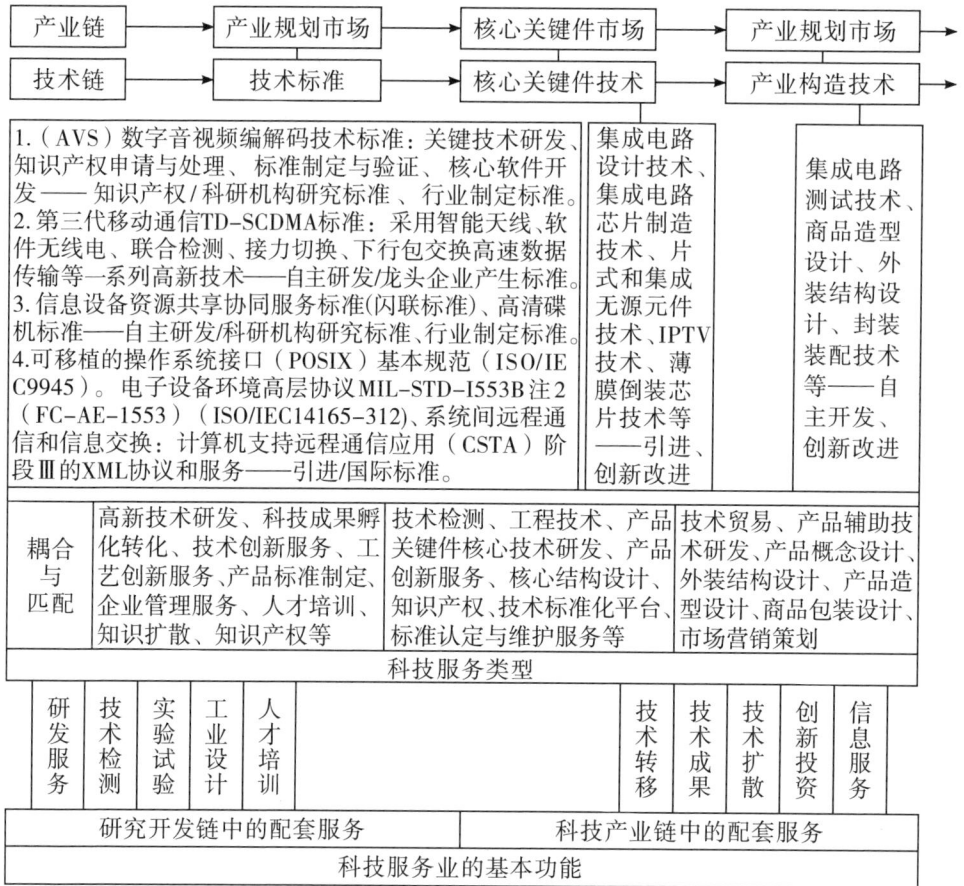

图 12-5 电子信息产业对科技服务需求的耦合与匹配

当前，电子信息产业对科技服务的需求主要包括以下几个方面：

一是对产品设计服务的需求。电子信息制造业需不断基于客户需求进行产品设计的提升，从产品形态、功能、结构或包装等进行创新设计。面对消费升级的趋势，电子信息制造企业只有实施以客户日益凸显的个性化需求为导向的产品增值策略，才能实现企业品牌价值的升级，以获得长久的利益。因此，在新时代的背景下，电子信息制造企业对产品功能和外观设计的需求与日俱增。

二是对产品效能提升服务的需求。新媒体新硬件在科技的发展和互联网技术的普及下推动电子信息制造业的产品围绕用户需求不断进行价值延展，从单一的硬件产品供应逐步纳入内容服务实现融合，促使电子信息企业对产品效能提升的服务需求越来越多。例如，随着物联网、传感技术、芯片技术和智能操作系统的发展，越来越多的计算功能将被集成到可穿戴设备上，为硬件产品提供更多的基础信息输入，促进可穿戴设备和人体结合程度进一步加深。

三是对产品整合服务的需求，面对智能制造巨大的市场空间，电子信息制造企业需要专业化的智能制造系统解决方案提供商，为其提供整体运营服务，提升和改造传统制造，促使其尽快向信息化、智能化、数字化、自动化方向发展。

2. 电子信息产业科技服务现状

一是研究开发领域。珠三角地区建立了一系列服务于电子信息产业的创新研发平台，为珠三角电子信息产业的发展夯实了科研基础。深圳鹏城实验室是我国网络通信领域战略性新型科研机构，目前初步建成了以"鹏城云脑"为代表的若干大科学基础设施，主要研究方向是网络通信、网络空间和网络智能，聚焦服务宽带通信和新型网络战略。广东省高端汽车电子制造创新中心以高端汽车电子产品的相关制造技术为研发内容，研发具有国际领先性质的制造技术并推进与智能驾驶相关国家标准的制定。惠州市德赛工业研究院对智能可穿戴产品及云服务平台等核心技术进行研究开发，并面向用户提供终端产品和综合信息运营服务。

二是科技企业孵化器领域。近年来，珠三角地区通过实施科技企业孵化器倍增计划，孵化器建设快速发展壮大，各项指标规模和增速居全国前列。广东软件科学园聚集了嵌入式软件企业、行业应用软件开发、移动商务应用、软件外包、集成电路设计企业及科技服务机构等现代服务企业群，培育了一批又一批优质科技企业，创造了显著的社会效益和经济效益，成为科技创新、人才聚集、成果转化和企业孵化的示范基地。具体而言，广东软件科学园以软件公共技术支撑体系为基础整合高校及科研院所优势资源，汇集国家"863"相关技术成果，构建了软件运行与研发平台、软件质量保障与测试平台、管理与综合服务平台及资源库，并建设了广东省软件共性技术重点实验室、广东软件评测中心、广东软件科学园数据中心等技术资源服务机构。东莞中国科学院云计算产业技术创新与育成中心是中国科学院直属的唯一以云计算、大数据为核心研发领域的大型研发机构，先后被认定为"国家级科技企业孵化器""国家级众创空间""广东省众创空间试点单位""东莞市科技企业孵化器"和"广东省大数据创新创业孵化园"

等，拥有国家级技术转移中心、国家级科技企业孵化器和国家级众创空间 3 个国家级资质，是广东地区创新、创业、创富的高地，是东莞孵化高新技术企业的先锋。具体而言，中科院云计算中心以云计算、大数据为抓手，打造以产业共性技术研发为核心、孵化器体系为载体、创业投资为加速器、产业化公司落地为支撑手段、产业链资源整合为支撑的"五位一体"育成体系模式，围绕数字经济领域内云计算、大数据、人工智能等技术领域，构建以东莞为总部中心、辐射周边城市的技术转移产业生态新格局（见图 12 –6）。

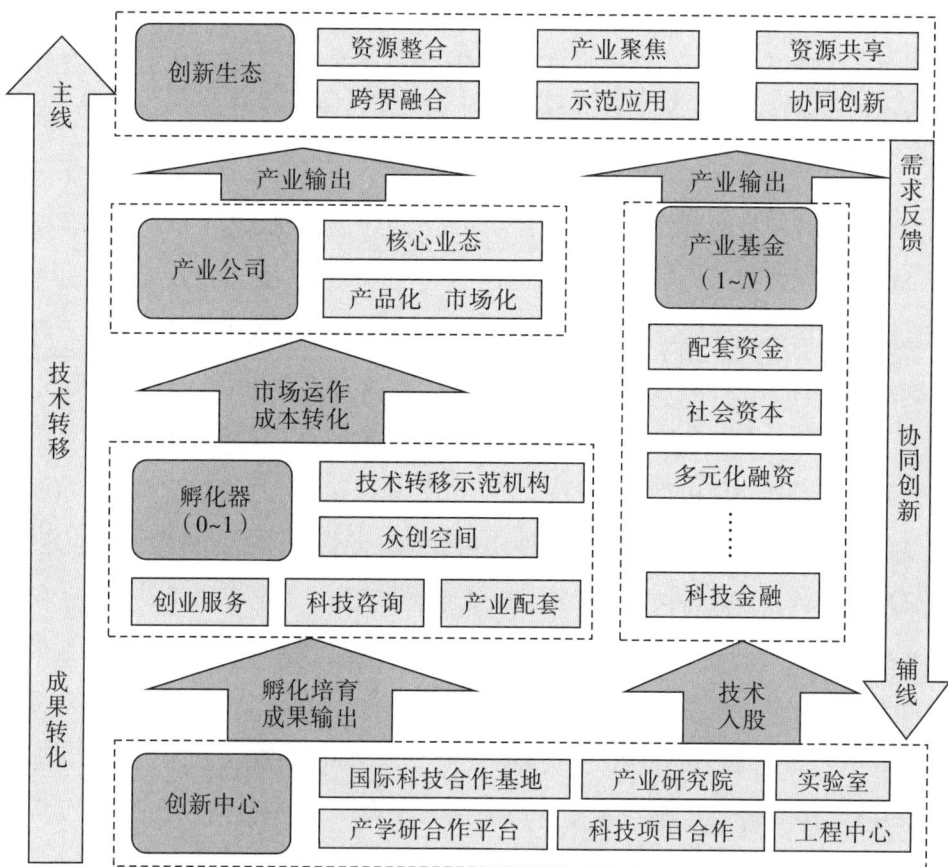

图 12 –6　中科院云计算中心的"五位一体"育成体系模式

三是产品检测认证领域。珠三角城市群建立了一批能够为企业提供第三方检测服务的专业平台。展讯通信全球硬件测试中心惠州实验室业务覆盖功能测试、性能测试、可靠性测试、可量产验证测试等方面，可为电子信息企业提供硬件开发测试支持等服务，为企业提供从研发到批量上市全程的硬件技术及实验室资源支持。广东优科检测技术服务有限公司先后与广东工业大学、成都电子科技大学建立产学研合作，共同建设了"光电产品检测公共服务平台""电子零部件检测公共服务平台"，为珠三角地区数百家企业提供第三方检测服务，为企业提供集产品检测、技术整改、工厂辅导、项目规划、产品研发支持、获证后跟踪服务于一体的一站式服务。广东省科学院电子电器研究所是广东省科学院下属的骨干科研机构，拥有各类检测仪器设备和标准计量器具600余台（套），仪器设备先进，人员素质高、经验丰富，为企业提供电子电器产品技术研究、电子电器产品质量检测分析、仪器设备校准、电子仪器产品开发等服务。

四是服务型制造平台。服务型制造作为一种科技服务与制造业融合的新业态，可以助力珠三角城市群电子信息制造业适应当前经济发展"新常态"，促进电子信息制造业向智能化、网络化、服务化方向加快发展。在电子信息领域，广州市浩洋电子股份有限公司、广东省电子技术研究所、广州广电运通金融电子股份有限公司三家企业被确定为珠三角电子信息领域服务型制造示范企业。另外，广东省也确定了一批电子信息领域服务型制造示范平台，如表12-3所示。

表12-3　珠三角电子信息领域服务型制造示范平台

所属地市	运营主体	平台名称
广州	广州市恒力检测股份有限公司	恒力智能检测云服务平台
广州	广州裕申电子科技有限公司	面向PCB行业的共享生产工业互联网平台
广州	威凯检测技术有限公司	华南电子电器综合服务平台
深圳	深圳信测标准技术服务股份有限公司	电子电气检测公共技术服务平台
深圳	深圳中电国际信息科技有限公司	萤火工场
惠州	恺信国际检测认证有限公司	航空电子、轨道交通与智能终端检测公共技术平台
惠州	惠州市华阳多媒体电子有限公司	汽车电子智能制造公共技术支撑平台
东莞	东莞理工学院	电子信息智能制造公共技术支撑平台

数据来源：广东省工业和信息化厅。

二、 高端装备制造业

高端装备制造业是广东加快布局的重要战略性产业，是广东夯实"制造业当家"核心基础的重要战略抉择。珠三角城市群向来是广东高端装备制造业的核心基地。近年来，珠三角地区的高端装备制造水平持续提升，产业结构呈现由轻向重转型，产业规模和占比不断扩大。数据显示，2021 年在珠三角 9 市中，有 5 个城市的高端装备制造业增加值同比增幅均在 10% 以上，已经成为珠三角城市群重要的经济支柱。

（一）高端装备制造业发展现状

1. 产业发展速度快，技术创新领先全国

近年来，珠三角地区在高端数控机床、航空装备、卫星及应用、轨道交通装备、海洋工程装备等领域引进建设了一批项目，培育了一批龙头骨干企业，高端装备制造研发、设计和制造能力持续增强，新产品新技术不断取得突破。珠三角地区高端装备制造业增加值从 2015 年的 4 100 亿元左右增长至 2020 年的 7 200 亿元左右；预计到 2025 年，产业营收将达 3 000 亿元。珠三角地区高端装备制造业年均增长率达 10%，其中海洋工程装备产业年均增长 18%、卫星及应用产业年均增长 20%，有望成为高端装备制造业新的增长极之一。

珠三角高端装备制造业形成了一批关键核心领域高价值专利，知识产权储备、运营和保护能力明显提升，知识产权成为高端装备制造业高质量发展的重要支撑和营业收入的重要来源。截至 2020 年底，广东省高端装备制造业有效发明专利量 5 999 件，位列全国第三（北京、江苏分别位列全国第一、第二），同比增长 21.03%，增速比全国高端装备制造业高 2.4 个百分点，占全国高端装备制造业有效发明专利量的 8.41%，其中深圳、广州高端装备制造业有效发明专利量为 2 256 件和 1 684 件，分别位居全省第一、二位，是珠三角高端装备制造业的创新重地。

2. 珠三角各市在产业布局方面各有侧重

珠三角高端装备制造业在广州、深圳、珠海、中山、江门等珠西地区初步形成产业集聚态势（见图 12 - 7）。广州市是国内最大的大中型集装箱船和特种船建造基地，主要发展集装箱船和特种船、智能成套装备和系统集成等细分领域。目前广州智能成套装备累计产值近 1 400 亿元，智能装备产业企业 3 000 余家，是产业链相对完备的地区之一，形成了涵盖上游数控机床及关键基础零部件、中游工业机器人与智能专用装备、下游细分领域系统集成以及检验检测与公共服务等较为完整的智能制造产业体系。

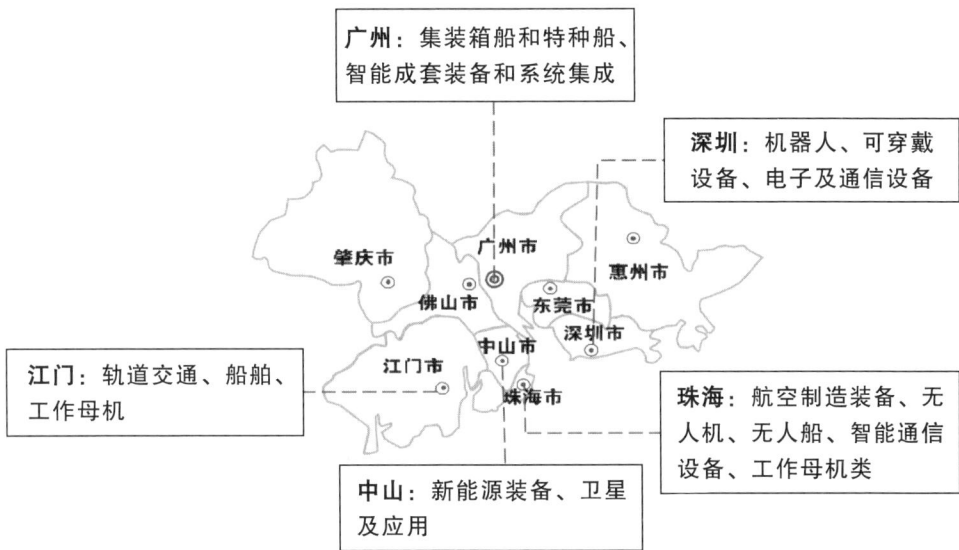

图 12 - 7 珠三角地区高端装备制造业产业布局

数据来源：前瞻产业研究院。

深圳市正着力建设华南地区数控系统技术研究开发中心，大力发展工业机器人和机械手的研发与生产。深圳装备制造业产品附加值高，深圳电子及通信装备制造业工业增加值占装备制造产业工业增加值的七成多，先进高新技术装备产业的电子及通信制造业产值占全部高新技术产品产值的大头，交换机及制造设备等技术装备和产品处于国际领先地位。

珠海市依托珠海机场而建的珠海航空产业园涵盖了航空制造业、服务业和临空产业，是广东省发展通用航空制造、维修及运营服务产业的唯一载体，已形成了"珠海航展"这一知名会展品牌。2015—2020 年，珠海市共安排 157 亿元专项资金支持 69 个全新首台（套）重大技术装备产品，研发新品已实现销售 1 000 余台（套），销售总额超过 60 亿元，多个装备制造企业和产品在行业细分领域占据龙头地位，如云州智能无人船艇占全国无人船艇市场份额约 90%；格力智能装备研究院的石墨加工中心最高主轴转速达到 3 万转/分钟；丽亭 RAY 智能停车机器人系统运用于北京大兴国际机场等。

中山市聚焦新能源装备、卫星及应用领域，拥有中山（临海）装备制造业和中山电梯特色产业基地等 4 个国家级特色装备制造业基地。江门市是未来轨道交通行业领域的重要基地，聚焦于轨道交通、船舶、工作母机等领域。

（二）高端装备制造业科技服务现状

1. 高端装备制造业对科技服务的需求

高端装备制造业的科技服务需求与服务种类多种多样，根据珠三角城市群高端装备制造企业在生产、运营与发展过程中的实际需求，可以将高端装备制造业对科技服务的需求划分为产业动态信息服务、技术改造服务、技术创新与产品开发服务三种主要类型。

一是产业动态信息服务。产业动态包括科技动态、产业资讯、研究文献、多媒体资源、网络信息资源等，是高端装备制造业技术创新与实践过程中必不可少的要素。产业动态信息的来源十分广泛，但信息资源的质量却良莠不齐，企业很难从繁杂的信息中快速获取有价值的资讯。在大力推动自主创新的战略形势下，珠三角城市群的创新主体需要有效获取高质量的产业动态信息，以实现基于产业资讯科学进行各种科技创新决策。

二是技术改造服务。近年来，随着装备制造业绿色化、智能化的发展趋势，珠三角装备制造企业对技术改造、设备升级的需求也愈加明显，迫切需要科技服务机构提供专业化的企业评估诊断、发展战略咨询、技术发展分析、技术改造方案等一系列专业服务，以确定企业的技术改造方向，推动企业完成转型升级，全方位提升企业的技术水平，增强企业的整体竞争力。

三是技术创新与产品开发服务。珠三角地区装备制造产业区域发展不平衡、不充分，低端产品产能过剩、高端产品产能不足、技术创新与产品研发能力未能充分发挥，产业核心竞争力有待进一步提升，迫切需要加强产业核心技术的研发与产业化，加强拥有自主知识产权的高端产品研发设计，提升高端产品生产能力，调整产业结构。

2. 高端装备制造业科技服务现状

珠三角依托高等院校、骨干企业等创新主体，高水平建设与引进了一批产业支撑平台和新型研发机构，在数控机床、海上风电、通用航空、海工装备、集成电路装备等高端装备细分领域组建产业技术创新联盟；加大对检测认证服务平台的支持力度，鼓励组建高端装备检测认证服务平台，开展第三方检测、标准制修订及认证服务；依托工信部电子五所、中航通飞研究院、深圳先进技术研究院、广州机械科学研究院等机构，大力推进院企合作，促进新技术创新成果向规模化生产工艺转化；依托广东粤海装备技术产业园、智能制造价值创新园，通过"技术＋资本＋服务"的模式加快高端装备创新成果的产业化，打造产业创新加速平台。珠三角重点发展的科技服务平台分述如下：

（1）广州机械科学研究院。

依托已有的国家机器人检测与评定中心（广州）、国家自动化装备质量监督检验中心、国家橡塑密封工程技术研究中心、工业摩擦润滑技术国家地方联合工程研究中心这4个国家级研发、检测服务平台，搭建高端装备产业技术基础公共服务平台，提供集整机制造、关键零部件研发、关键基础技术研发、检测认证于一体的公共支撑服务。

（2）中航通飞研究院。

面向大型水陆两栖飞机与通用飞机研发、制造、运营支持等项目，重点开展海洋环境适应性、低成本综合航电、自主飞行、场景应用、适航符合性验证等关键核心技术攻关。

（3）深圳先进技术研究院。

面向深港高端医疗设备等高端装备与精密制造发展方向，重点开展先进材料创新和高端医疗装备先进集成与产业孵化，把握高端装备与先进制造产业的国际化前沿发展趋势，提升广东省高端医疗装备产业发展水平。

（4）广东省广业装备研究院。

面向全省公共卫生应急物资生产保供体系建设需要、泛半导体产业关键装备培育需要、高端智能装备发展需要，重点开展晶圆级磁控溅射镀膜机、OLED 蒸镀机、高端五轴加工中心、智能制造"黑灯工厂"和防院感柔性设备的研发及产业化，把握高端装备与先进制造产业的国际化前沿发展趋势，提升广东省智能制造、镀膜机、蒸镀机等高端装备和应急物资高端生产设备产业发展水平。

（5）广东省海洋工程装备技术研究所。

面向船舶与海洋工程装备制造发展方向，开展技术研发、咨询服务、重点突出覆盖共性技术基础和应用研究，支撑广东省海洋工程装备产业高质量发展。

（6）工信部电子五所。

拥有国家机器人检测与评定中心和工业产品环境适应性、电子元器件可靠性物理及其应用技术、智能制造装备通用质量技术及应用、基础软硬件性能与可靠性测评 4 个重点实验室，牵头建设中国（广州）智能装备研究院，构建覆盖共性技术研究、检测评价、集成应用、产业研究、标准制定、成果转化为一体的综合性服务平台。

（7）广东省高档数控机床及关键功能部件创新中心。

面向数控机床及关键功能部件、关键零部件等领域，开展关键技术协同攻关、技术发展趋势等信息服务和产学研合作，持续提高数控机床质量与关键核心技术水平。

（8）广东省智能化精密工具创新中心。

面向精密仪器及其智能化发展方向，开展精密工具技术研发、协同攻关、信息服务和产学研合作，持续提高精密工具技术和智能化发展水平。

（9）国家船舶及海洋工程装备材料质量监督检验中心。

面向船舶及海洋工程装备领域各种金属部件、焊接件等，开展动静态力学性能分析、物理性能分析、常规理化性能分析和无损检测等检测检验。

（10）广东省质量监督机电产品（可靠性）检验站（广州）。

面向机械装备整机及功能部件、汽车关键零部件、电子电气等领域开展可靠性评估、可靠性测试、可靠性增长等技术服务，开展检验检测服务，进行装备可靠性标准研究，持续提高装备质量与可靠性水平。

3. 高端装备制造业科技服务存在的问题

基于对现有的珠三角高端装备制造业科技服务平台模式特点的分析，珠三角高端装备制造业科技服务平台主要存在以下问题：

一是科技服务资源缺乏一体化整合。在珠三角地区内部，面向高端装备制造业的科技服务资源分布不均衡，科技服务资源质量良莠不齐，存在着较为明显的梯度差异，而能够一体化整合珠三角地区高端装备制造业科技服务资源的科技服务平台尚未建立，各城市之间科技服务机构受到自身资源、地域分布的影响，科技服务辐射范围较短，跨区域科技服务难度较大。

二是科技服务平台资源利用效率不高。由于缺乏区域科技服务资源的整体配置与动态组织思路，珠三角城市群高端装备制造领域的科技服务资源整体利用效率不高，科技服务平台资源同时面临着资源端使用率低和需求端供给不足的矛盾。

三是科技服务平台可持续运营能力不足。珠三角城市群高端装备制造领域现有的科技服务平台整体商业化、市场化水平不足，盈利模式较为单一，平台的可持续盈利能力和发展能力有限。

三、生物医药产业

生物医药产业是珠三角城市群面向未来前瞻布局的战略性新兴产业，目前已形成以广州、深圳为双核心的集群化产业发展态势，产业规模不断扩大，产业链条持续完善，集聚了广州实验室、深圳湾实验室等一批顶尖科研机构和高水平科研人才队伍，金域医学、迈普医学等龙头企业也在此集聚。从总体上看，珠三角生物医药产业集聚效应较为明显。

（一）生物医药产业发展现状

1. 产业规模稳步壮大，创新能力不断提高

近年来，珠三角生物医药产业在新一轮以布局创新资源为核心的区域创新发展浪潮中加快纵深推进，产业规模不断壮大，产业体系日趋完善，产业实力全国

领先，集聚效应日益显现，国际化程度不断提高。2020 年广东省生物医药产业工业销售产值为 1 669 亿元，同比增长 6.2%，广东省生物医药产业工业销售产值除了 2019 年略有下降，整体保持增长趋势（见图 12 - 8）。截至 2020 年，深圳和广州生物医药上市公司的数量分别为 58 家和 46 家，位于全国前列（见图 12 - 9）。

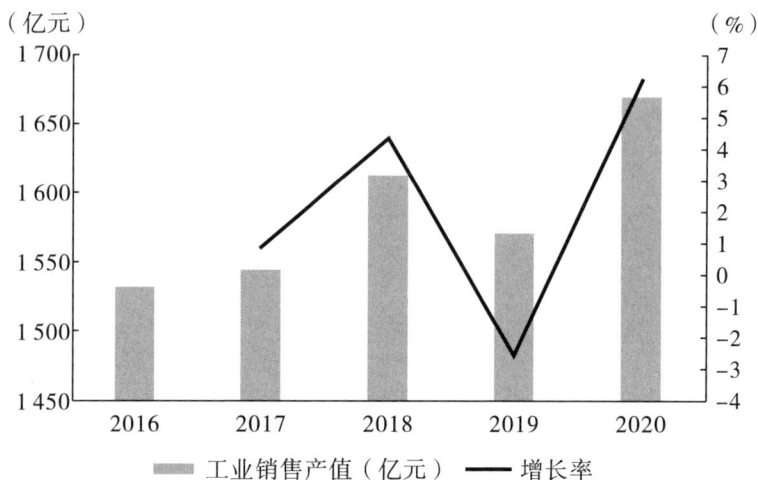

图 12 - 8　广东省生物医药产业工业销售产值情况

数据来源：wind 数据库。

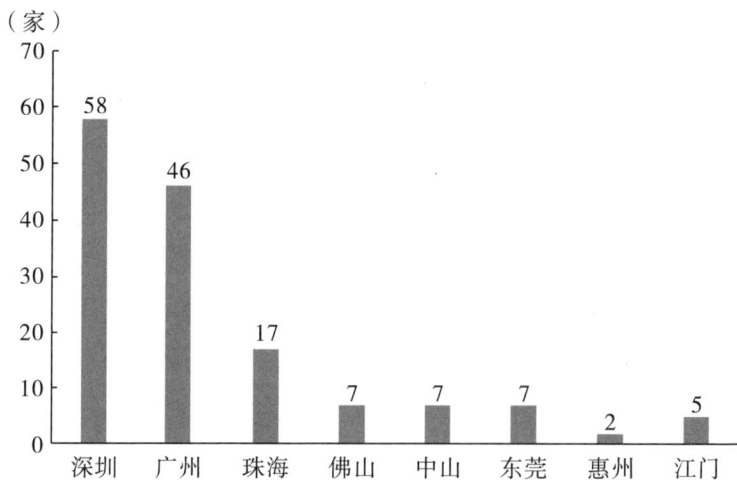

图 12 - 9　截至 2020 年珠三角各城市上市生物医药企业数量

数据来源：火石创造数据库。

在创新方面，2020 年珠三角生物医药发明专利授权量为 1 315 件，与上年相比增加 346 件（增长 35.71%）。截至 2020 年，珠三角生物医药产业有效发明专利量为 6 146 件，同比增长 19.19%。截至 2020 年，珠三角药物临床试验数量为 980 个，CDE 受理 Ⅰ、Ⅱ类新药数量 787 个，其中广州和深圳在数量上占据绝对优势（见图 12 - 10）。

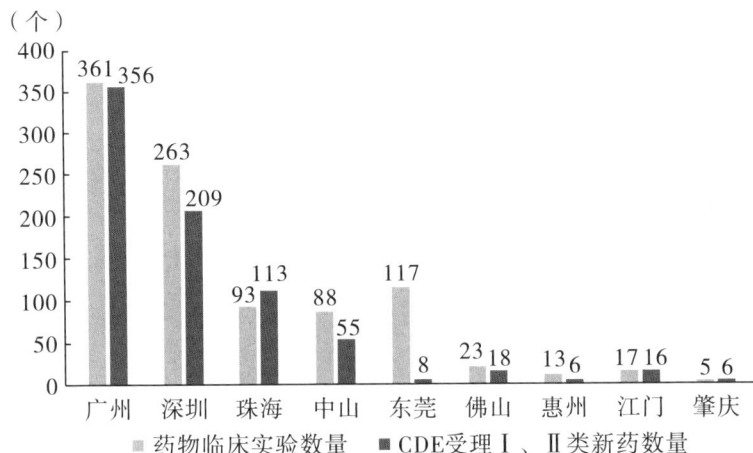

（个）

图 12 - 10　截至 2020 年珠三角各城市药物临床试验数量及 CDE 受理

Ⅰ、Ⅱ类新药数量累计情况

数据来源：火石创造数据库。

2. 医疗器械占优，中药是制药支柱产业

截至 2018 年，珠三角共有制药企业 5 600 余家，医疗器械企业 6 600 家，医疗器械企业数量超出药品企业数量 18.2%，占据产业发展的绝对优势地位。在珠三角的药品企业中，化学制药企业 500 余家，中药企业 4 400 余家，生物药企业 650 余家，中药企业以数量的绝对优势成为生物制药行业的主导产业。在城市层面，中药企业在药品企业数量的占比中均超过六成，其中，深圳、江门中药企业占比超过八成，惠州、肇庆则超过九成。

3. 双核引领，多中心交错发展

珠三角初步形成了以广州、深圳为核心引领，珠海、佛山、中山为主要支撑，东莞、惠州、江门为重要依托的生物医药产业布局（见图 12 - 11）。双核引领带动珠三角生物医药产业快速提升，深圳、广州、珠海、佛山、中山等生物医药产业城市群集聚了珠三角大部分上市企业及优质产业创新资源，贡献了主要的产业规模和创新成果，并拥有广州科学城生物产业基地、深圳国家生物产业基地、中山火炬高技术产业开发区等多个重点生物医药产业集聚区。未来珠三角将重点以广州、深圳为核心，打造布局合理、错位发展、协同联动、资源集聚的广深港、广珠澳生物医药科技创新集聚区。其中，广州打造生命科学合作区和生物医药研发中心；深圳重点培育世界标杆的生物医药企业和研究机构，打造全球生物医药创新发展策源地；珠海、佛山、中山打造生物医药资源新型配置中心、生物医药科技成果转化基地、生物医药科技国际合作创新区；惠州、东莞打造国内重要的核医学研发中心、生物医药研发制造基地。

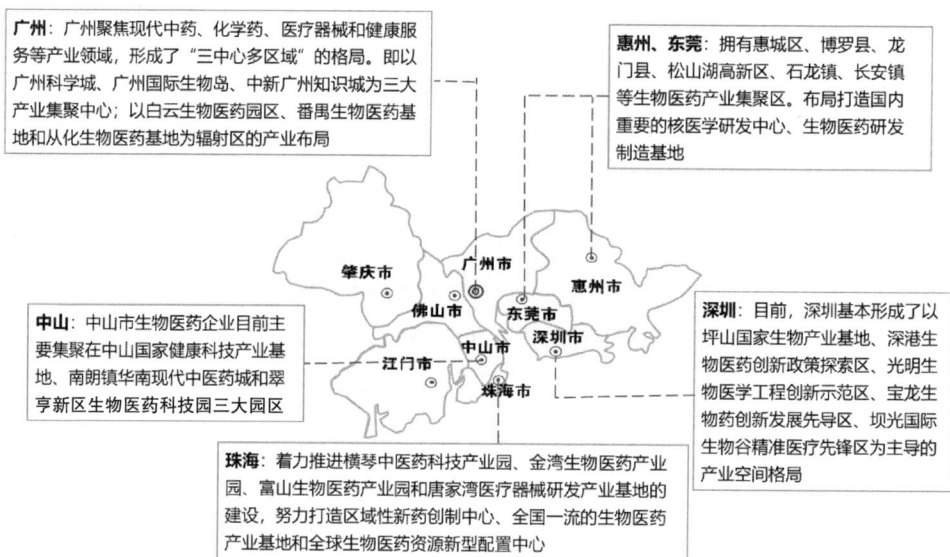

广州：广州聚焦现代中药、化学药、医疗器械和健康服务等产业领域，形成了"三中心多区域"的格局。即以广州科学城、广州国际生物岛、中新广州知识城为三大产业集聚中心；以白云生物医药园区、番禺生物医药基地和从化生物医药基地为辐射区的产业布局

惠州、东莞：拥有惠城区、博罗县、龙门县、松山湖高新区、石龙镇、长安镇等生物医药产业集聚区。布局打造国内重要的核医学研发中心、生物医药研发制造基地

中山：中山市生物医药企业目前主要集聚在中山国家健康科技产业基地、南朗镇华南现代中医药城和翠亨新区生物医药科技园三大园区

深圳：目前，深圳基本形成了以坪山国家生物产业基地、深港生物医药创新政策探索区、光明生物医学工程创新示范区、宝龙生物药创新发展先导区、坝光国际生物谷精准医疗先锋区为主导的产业空间格局

珠海：着力推进横琴中医药科技产业园、金湾生物医药产业园、富山生物医药产业园和唐家湾医疗器械研发产业基地的建设，努力打造区域性新药创制中心、全国一流的生物医药产业基地和全球生物医药资源新型配置中心

图 12 - 11　珠三角地区生物医药产业布局

数据来源：前瞻产业研究院。

（二）生物医药产业科技服务现状

1. 生物医药产业对科技服务的需求

目前国内的生物医药产业科技服务平台，多数还是以检验检测设备等硬件环境满足区域企业业务的发展。通过对珠三角城市群生物医药企业进行调研，一般

医药企业对于科技服务平台的需求主要体现在以下四个方面，见表12-4。

表12-4　生物医药企业对科技服务的需求

需求类型	服务对象	软硬件要求	可选资源
实验场地	初创企业；特定项目企业	标准化实验室；洁净实验室	科研院所；产业联盟；平台自建
检验监测	企业业务	化学、生物学领域仪器设备	平台自购；科研院所；重点企业
信息资源	研发型企业	文献数据库；专业检索员	科研院所、自购数据库
金融投资	初创企业；企业关键发展期	投融资渠道；担保服务	银行、投资机构

一是实验场地需求。初创型企业及部分中小企业在生物医药研发过程中，对于特殊工艺、场地场所有特殊需求，公共服务平台一般桥接研究院所的资源或自建场地，为上述工艺提供洁净度、实验条件满足需求的实验场地。

二是检验检测需求。医药类、医疗器械类、生物技术类及其他相关企业，在中间体检测、产品验收等环节都需要专业检测。公共服务平台一般购置仪器设备或者集聚各层次仪器资源，实现资源合理利用并提供专业全面的检测服务。

三是信息资源需求。生物医药企业的生存在很大程度上依赖于技术创新，而技术创新的重要源泉之一就是科技文献及专利信息。公共服务平台整合资源，提供专家咨询、最新研究动态、情报整体解决方案等服务，并通过技术攻关实现同时串联多个信息中心资源，专业化、信息全、获取快和集中服务的优点突出。

四是金融投资需求。生物医药企业在一定程度上需要投融资及相关服务，解决企业初创、研发、发展等过程中的资金及管理服务需求，推进培育企业上市。部分公共服务平台以政府服务为桥接，积累了部分产业基金、产业投资资源，而企业也倾向于通过公共服务平台的产业资金将研发成果进行转化，最终实现产业化。

2. 生物医药产业科技服务现状

在珠三角城市群中，广州已经形成区域生物医药服务聚集中心。由图12-12可知，广州和深圳的生物医药服务类企业注册资本位居珠三角城市群的前两名，已经形成较大规模的生物医药相关服务产业集聚组团，如广州黄埔科学城、深圳南山区等。

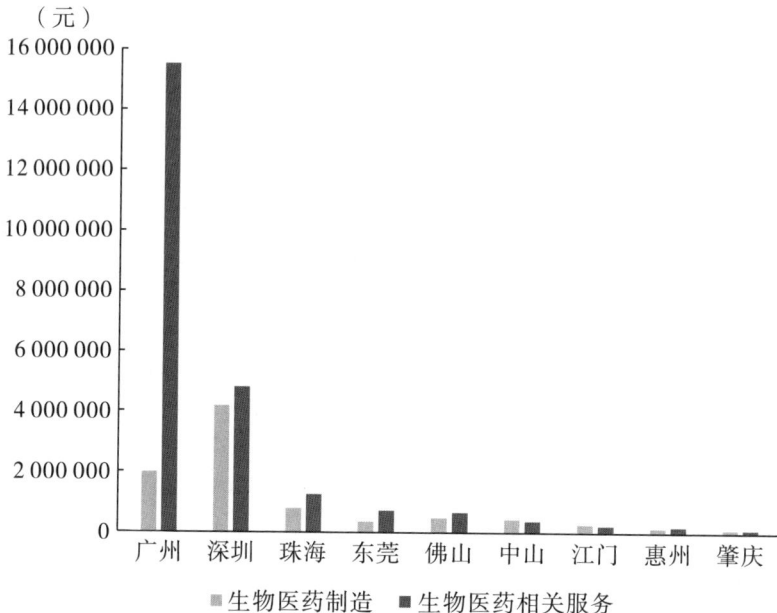

图 12 – 12 珠三角生物医药企业及相关服务企业注册资本情况

数据来源：量城科技。

在基础条件服务平台方面，珠三角生物医药领域的基础条件服务平台主要包括科技文献共享平台、科技数据共享平台、仪器设备共享平台、实验动物公共服务平台、自然资源共享平台共五大类型。这些服务平台主要以整合和共享生物医药产业基础资源为目的，分别负责搜集与生物医药产业有关的科技文献、科学数据以及生物医药产业基地内大型高档仪器设备、实验动物资源、自然资源等信息，对信息进行分类处理后建立资源数据库，并通过网络服务平台公布资源状况，供区域内生物医药企业共享使用。网络服务平台主要包括广东省科技资源共享网、广州科技资源公共服务平台、广东省大型科学仪器设施共享服务平台、中国科学院广州生命科学大型仪器区域中心、广东省实验动物信息网等。

在研究开发服务领域，珠三角目前在生物医药领域拥有 17 个国家重点实验室，数量位居全国前列，这些实验室覆盖了中药、化药、生物制品、辅料包材、多领域交叉、医疗器械、化妆品、新材料、干细胞、临床试验等多个领域和方向。此外，珠三角目前还拥有 3 家国家临床医学研究中心、2 家省实验室，建有国家基因库等一批重大科技基础设施，正全力推进生物岛实验室、深圳湾实验室、纳米生物安全中心的建设，支持省实验室面向生物医药与健康产业建设综合性大科学装置，启动建设华南生物安全实验室体系，布局建设高等级生物安全实验室。南方科技大学、深圳大学等积极联合香港研究机构开展前沿科技合作，围绕创新药物研发和临床研究等领域，在深港科技创新合作区建设深港生物医药创新研究院等平台，提升生物医药基础研究能力。针对药物研发方面，珠三角有广东华南新药创新中心、中国科学院广州生物医药与健康研究院、广州中大药物开发中心等机构。在广东省科技厅 2019 年发布的 53 家广东省新型研发机构名单中，有 17 家属于生物医药领域，其中有 13 家位于珠三角区域，如表 12-5 所示。

表 12-5　2019 年珠三角生物医药领域新型研发机构名单

序号	研发机构名称	所在城市
1	中国科学院苏州纳米技术与纳米仿生研究所广东（佛山）研究院	佛山
2	华农（肇庆）生物产业技术研究院有限公司	肇庆
3	广东海洋大学深圳研究院	深圳
4	广东现代产业技术研究院	广州
5	广东省中药研究院	广州
6	广州暨南大学医药生物技术研究研发中心	广州
7	珠海中科先进技术研究院有限公司	珠海
8	深圳市海普洛斯生物科技公司	深圳
9	中山万远新药研发有限公司	中山
10	深圳罗兹曼国际转化医学研究院	深圳
11	盈科瑞（横琴）药物研究院有限公司	珠海
12	广东欧谱曼迪科技股份有限公司	广州
13	广州市赛普特医药科技股份有限公司	广州

数据来源：广东省工业和信息化厅。

在检验检测服务领域，珠三角正在全力推动中药全产业链质量评价体系和粤港澳大湾区中药国际标准权威研究机构建设，加快建设具备全能力 GLP 实验室及高等级生物安全实验室的药物安全评价中心，提升药品、医疗器械检验检测能力。广州金域医学检验中心是目前国内规模最大、品牌与综合实力最强的全国性医学独立实验集团，业务覆盖药物临床试验、医学检验、病理诊断等多个生物医药领域。

在公共服务平台方面，2020 年深圳市新发布了八大公共服务平台，包括高性能医疗器械产业关键共性技术研发平台、脑解析与脑模拟重大基础设施平台、深圳市坪山区实验动物资源与技术研发基地、合成生物研究重大科技基础设施平台、深圳市工程生物产业创新中心、深圳 BT 产业信息与人才综合服务平台、深圳市仿制药质量和疗效一致性评价与标准研究平台、深圳市生物医药安全评价中心，形成了较为完善的产学研创新体系。此外，珠三角大力推进南方科技大学、深圳大学等联合香港研究机构开展前沿科技合作，围绕创新药物研发和临床研究等领域，在深港科技创新合作区建设深港生物医药创新研究院等平台，提升生物医药基础研究能力。

在产业园区方面，目前珠三角拥有重点园区 7 个，约占全国 74 个重点园区总量的 10%。在园区地域分布上，广州拥有 3 个，深圳拥有 2 个，东莞、中山各有 1 个。广州科学城生物产业基地围绕生物制药、高端医疗设备及生物医用材料、检验检测及体外诊断产品、干细胞与再生医学产业，发挥国际枢纽磁场效应，集聚全球高端的创新资源，建设一流生命科学和生物医药产业生态圈，为企业提供科技创新服务。中山火炬高技术产业开发区依托国家健康科技产业基地、华南现代中医药城、中德（中山）生物医药产业园三大聚集区围绕生物制药、医疗器械、医疗信息、健康服务业等产业集群，借助粤港澳大湾区地缘优势，打造成为国内具有竞争力的生物医药产业制造强区。

表 12-6　珠三角生物医药产业重点园区分布

序号	重点园区名称	城市
1	广州科学城生物产业基地	广州
2	广州国际生物岛	广州

（续上表）

序号	重点园区名称	城市
3	中新知识城生命健康产业基地	广州
4	深圳国际生物谷	深圳
5	深圳国家生物产业基地	深圳
6	东莞松山湖高新技术产业开发区	东莞
7	中山火炬高技术产业开发区	中山

3. 生物医药产业科技服务存在的问题

经过几十年的发展，珠三角已经形成了生物医药科技服务链，但是还存在某些薄弱环节或细分节点。

从整个产业链来看，珠三角在上游的研发服务比较薄弱，中游的生产性服务和下游的经销服务比较发达。从细分节点来看，珠三角在提供药物研发、临床前动物试验等临床前研究服务节点上相对集中，而在临床试验 CRO 服务和药品上市后四期临床研究这些节点上比例很小，与国际水平差距较大，临床试验 CRO 服务的短缺将成为珠三角生物医药科技服务业发展的一大软肋。

另外，风险投资机构、管理咨询服务机构、技术评估机构等科技产业服务机构的缺乏也成为珠三角生物医药科技服务业发展的制约因素之一。现有专业从事生物医药服务企业/机构的业务领域，主要集中在基础研究、成果转化、合成、临床前筛选、临床试验这些产业节点上，其中极大部分机构的业务领域在研究发现和临床前服务阶段，其中有相当一部分的业务内容还不属于生物医药产业链的核心功能活动，而是在如基因测序服务、转基因动物模型等实验室开发、实验用原材料和实验用技术等这些支持功能活动方面，仅有少量的业务领域在临床试验阶段服务，药物上市后临床四期的服务则更少，与提供研究发现和临床前研究服务的业务比例与规模相比严重不足。

本章小结

本章选取电子信息、高端装备制造、生物医药三大珠三角重点产业，深入分析珠三角城市群科技服务业发展情况，全面梳理了珠三角城市群三大重点产业发展现状，逐一剖析了每个产业科技服务的需求、现状和问题，为进一步完善珠三角城市群科技服务体系提供了改进方向。

第十三章
珠三角城市群科技服务业多维协同发展模式

资源和服务碎片化是制约珠三角城市群科技服务业发展的重要因素，促进珠三角城市群科技服务业高质量发展的关键在于有效整合珠三角城市群科技服务资源并推动科技服务实现高效协同。本章聚焦构建珠三角城市群科技服务业多维协同发展模式，为推动珠三角城市群科技服务业高质量发展提供理论支撑。

一、 科技服务业多维协同发展模式的内涵

多维协同发展模式是指科技服务业在各细分业态、重点产业和外部环境三个维度进行由内而外的协同发展，通过推动各创新主体之间的深度合作，有效聚集与释放知识、科技、资讯、人才等创新资源及要素，推动科技协同创新，促进科技服务业发展的一种新模式。该模式由"科技细分业态互动—与重点产业耦合—宏观外部环境支撑"三个部分构成。科技服务业多维协同发展模式的核心思想是"资源集聚整合，主体协同共进，科技推动创新"，其内在要求是通过业态、产业和环境的协同互动，共同推进科技创新驱动能力和效率提升，其最终目标是为推动社会创新和经济发展提供强大的科技支撑。

在多维协同发展模式中，科技服务企业和重点企业在价值创造活动中的边界相互交叉，科技服务企业的价值创造活动提高了重点企业的产品附加值，同时科

技服务企业的价值创造空间也得以拓展，外部环境为企业提供发展支撑。科技服务产业链上中下游的各服务机构和战略性新兴产业相互依赖、相互融合、环环相扣，创新要素加快流动，实现了资源和优势互补，科技服务机构的自身价值得到体现。

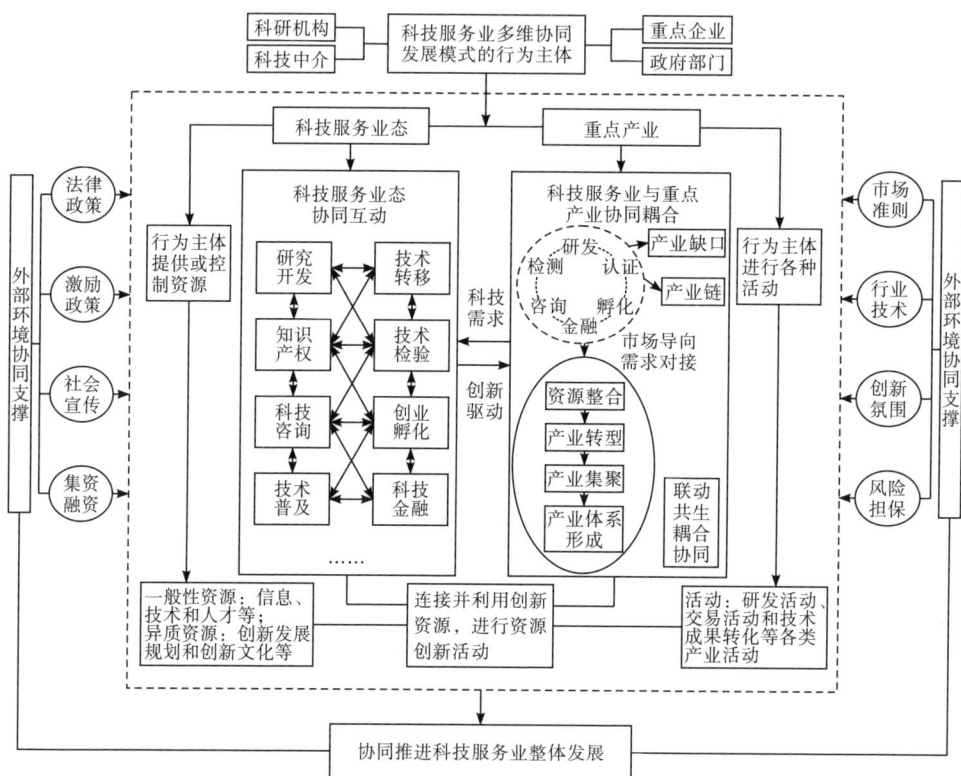

图 13 - 1　科技服务业多维协同发展模式的框架

二、　科技服务业多维协同发展模式的特点

科技服务业多维协同发展模式有以下特点：

一是系统性。科技服务业多维协同发展模式的系统性是强调科技创新服务主体、资源要素、服务对象和运行环境的一体化，各行为主体要素构成了一个统一稳定的有机整体。在多维协同发展模式的系统内部，各要素相互影响、相互促

进，优势互补，共同构建一个和谐的科技服务业多维协同系统。

二是协调性。协调性是科技服务业多维协同发展模式的显著特征。在这个发展模式中，强调各行为主体之间为适应不断变化的产业发展环境，彼此之间进行有效互动和交流，加快配置和流通各类科技创新资源，模式内各要素根据产业发展环境变化不断调整、适应，以达到一个稳定的状态。多维协同发展模式就是以协调的结构功能促进科技服务业发展。

三是开放性。开放性源于多维协同发展模式注重科技服务业与战略性新兴产业的交流和合作，产业之间的科技资源和创新活动彼此交叉，加之产业发展外部环境的影响，开放的发展模式内部的信息、技术、知识、设备等创新要素实现共享机制。一个开放的发展模式有利于加强模式内各行为主体和创新要素的活力。

三、　科技服务业多维协同发展模式的构成

（一）行为主体

科技服务业多维协同发展模式的行为主体是与科技服务业相关的各类科技服务细分业态、产业链上的各节点企业和政府部门，包括研发机构、服务中介、科技企业、作为接受科技服务配套设施的相关重点企业和行政机构等。各行为主体是各类资源聚集和活动开展的组织者、受益者和保障者。在多维协同发展模式中，科技服务业领域内的细分业态以科技创新为核心，利用彼此之间存在着的隐性或显性、直接或间接等关系，可为其他业态分别提供技术开发、产品检测认证、技术转移、知识产权保护、科技咨询和金融担保等专业服务，各细分业态进行多向互动协作发展，共同提升科技服务系统内部的创新水平。而作为接受科技服务的重点产业，其产业链上的各节点企业与科技服务业各业态之间融合协同发展，能够衍生具有高效益的新工艺与新业态，发挥科技服务业的价值。这是一个动态耦合的过程，科技服务业各业态利用自身专业知识与技术，为战略性新兴产业不断注入科技创新活力，而新兴产业的科技需求会促进科技服务产业进步，两者联动共生，协同耦合。与此同时，政府部门能为科技服务业和重点产业这两个行为主体提供政策、法律、金融和市场等一切产业发展的外部环境保障。各个行

为主体都在多维协同发展模式中发挥着不可替代的作用，通过知识、技术、产品、服务和价值等相互流动而产生吸引力，彼此之间交叉协同，促使该发展模式产生最大的效益。

（二）资源

资源是各产业活动顺利开展的基础与关键，拥有资源意味着拥有市场竞争力。产业发展过程中的资源既包括知识、人才、技术、资金、信息、仪器设备和实验基地等一般性资源，也包括产业发展科学战略、创新发展规划、系统结构和创新文化等异质资源。在市场多种力量的作用下，没有相关产业提供帮助，其他产业想要获取这些稀缺的、无法替代的科技创新资源是很困难的。

科技服务业各细分业态本身具有众多的创新资源，不仅内部之间相互流通共用，促进各科技服务业业态的内部协同进程，也可为重点产业提供相应的专业资源。而多维协同发展模式中的重点产业能够对这些创新资源进行融合、筛选和深度挖掘，并结合自身产业发展特性进行特殊化管理和采用，帮助科技成果快速市场化与社会化，同时也控制着科技创新资源为本产业所服务，使之更加具有市场竞争性。通过对模式内创新资源的整合，重点产业的科技密度将会增加，产业转型的速度加快，产业之间的联动发展促进产业集聚现象的发生，由此所形成的新的产业体系也将成为市场经济中的一个重要部分，这也是科技服务业与重点产业协同发展的产物之一。

外部环境除了能够适时提供科技服务产业宏观发展规划、权威科学信息和部分产业发展资金等资源外，政府法律法规的引导、创新激励体系的鼓励、社会环境营造的科技创新氛围和市场经济的行业技术导向等都将进一步提升整体创新水平，产业链与价值链均得以发展，有利于提高科技创新相关服务机构及重点企业的市场竞争力。

（三）活动

多维协同发展模式内各行为主体之间的技术、信息、知识和资金等经济活动产生的相关作用，形成了一种知识互动网络、技术合作网络、外部支撑网络和价值网络等。此模式强调以市场机制为基础充分发挥科技服务主体的能动性，同时由政府适度引导且提供产业发展保障机制，多方面的支撑力量协同推进科技服务业发展。

在多维协同发展模式中，科技服务业细分业态间依托各服务主体所拥有的相关创新资源进行深度沟通与纵向关联，彼此之间的知识、技术等相互作用、优势互补，可加快科技成果转化活动的进程。此外，该模式内的科技服务业通过对重点产业科技需求的有效把握，可实现两者的紧密对接；以技术、信息、人才和资本等为载体，搭建科技服务业与重点产业的耦合共生平台，科技服务机构可以全方位地参与重点产业的生产营销活动，弥补重点产业在产品研发、技术检测和管理咨询等方面的需求缺口，有效发挥科技服务业在重点产业发展中的重要作用；通过两者之间的技术研发活动、知识转移活动和市场交易等，促进新型产业链的形成。同时，宏观外部环境所进行的一些活动也将推进科技服务业自身发展以及与重点产业的融合发展，如政府颁布产业规划政策、银行提供融资担保和科技交易市场制定入市准则等。

需要指出的是，在整体活动层面，科技创新的溢出效应是起主要作用的。通过科技服务业细分业态之间的互动、科技服务业与重点产业的耦合和外部环境对科技服务的支撑活动，各种资源和生产要素的组合等都会激发科技创新的本能，衍生产品的科技价值。所有的科技创新活动都将会逐步改变多维协同发展模式的结构和形态，这也是科技服务业和其他与之相关产业发展的主要驱动力。

以科技服务系统构成为基础构建的科技服务业多维协同发展模式实质上是科技服务业细分业态、重点产业和外部环境三者之间的相互配合、相互依存和相互进步。各行为主体立足于科技服务业的服务内容，科技创新资源在其内部构成和新兴产业上得到运用，更多的创新活动将会出现，而宏观环境则是一切创新资源合理利用和科技活动顺利开展的保障。从根本上来说，多维协同发展模式更有利于创新技术的扩散与外溢，从而带动科技服务业整体发展。

四、 科技服务业多维协同发展模式的运行机制

(一) 主体互补机制

主体互补机制主要是指科技服务业多维协同发展中的各行为主体之间优势互补、协同共进的运行规律。根据科技服务业多维协同发展的特性，主体互补机制可分为平行互补与交叉互补两种类型。平行互补类型主要是指科技服务系统内各参与主体，从自身和对方相同的优势资源出发，从各个角度实现资源互补、技术互补、知识互补、市场互补、资金互补、劳动互补等。交叉互补类型主要是指互补双方从自身劣势出发，寻找能够弥补自身缺陷的并具有行业领先优势的合作伙伴，与之形成互补关系。

多维协同发展有一个共同的目标：各行为主体集中优势力量，努力形成一个协同攻关、共谋利益、共创多赢的发展局面。科技服务业多维协同发展中存在着各创新要素和科技力量分布不均等的情况，如各科技细分业态之间的专业服务内容差别、科技服务业与战略性新兴产业之间的创新技术和资源差异、企业与政府间的调控力度不一等。正是由于这些差异的存在，各要素在多维协同发展运行过程中形成了互补机制。一方面，在科技服务业内部，各细分业态在科技资源创新、共享及各类活动中，服务功能相互交叉，相互利用对方的专业服务内容满足己方科技需求。另一方面，科技服务业与重点产业互相依托，各取所需，共同进步。在依托产业发展推动社会进步的同时，政府等公共组织机构也随时为两类产业的发展补充外部能量。这些行为主体之间的相互关系都决定着科技服务业多维协同发展主体互补机制存在的必然性和重要性。

(二) 要素协同机制

由于科技服务活动存在着复杂性与不稳定性，所以只有模式内各要素（系统构成主体及资源）进行有机结合、协调统一，才能适应模式内外部环境，实现协同。要素协同机制是多维协同发展模式重要的运行机制，它是指模式内各要素相互影响、相互制约、相互作用使得整体效益最大化的运行机制。科技服务业多维

协同发展模式的要素协同机制可分为科技服务业内部协同和外部协同，贯穿于科技成果从研发到推广应用的整个过程，由内部运行流程的重组上升到与其他产业的协作，直至外部环境的交叉关联，这种要素协同机制强调整个模式的统一性与协调性，使得科技服务业能够有序并稳定发展。要素协同机制保证了科技服务业各细分业态间的技术与信息共享，强化了科技服务业与战略性新兴产业之间的互相依赖，实现外部环境对各产业进行引导控制。

（三）行为调控机制

科技服务业的稳定发展与其各细分业态、战略性新兴产业和外部发展环境等多种因素息息相关，要想让多维协同发展模式内所有创新活动主体及要素达到一定的平衡状态，行为调控机制必不可少。科技服务业多维协同发展的行为调控机制可分为过程调控和结果调控两种类型。在科技服务业多维协同发展过程中，如果出现了异常行为并偏离最初的发展轨道时，需要行为调控机制来调整各行为主体的现有状态和方向使之恢复正常，及时对各类创新资源进行科学合理的配置，把控未来产业发展态势。对于已发生并造成了较大影响的异常行为活动应及时采取机动性调控，尽最大努力把对模式内各要素的不良影响程度降到最低。

本章小结

本章从科技服务业多维协同发展模式的内涵、特点、构成、运行机制等方面入手，系统构建了珠三角城市群科技服务业多维协同发展模式解释框架，有助于我们从学理上理解和把握珠三角城市群科技服务业高质量发展的内在要求与基本逻辑，从而促进珠三角城市群科技服务协同发展。

第十四章
促进珠三角城市群科技服务业协同创新的对策建议

科技服务业是由服务主体、服务资源、服务对象、服务内容、服务目标和外部环境等多要素构成的一个有机整体，具有互动性、耦合性和支撑性等多种特征。所以，当前珠三角城市群科技服务业的发展，要以科技服务业的多维协同发展模式为理论依据，从科技服务主体结构、细分业态、与重点产业的关系、外部环境等整体入手，采取系统性的发展措施。重点是构建线上线下相结合、服务于科技创新全链条的科技服务体系，包括线上综合科技服务平台的运营机制、价值创造与价值运转模式，线下的"政产学研金中"合作联动、优势互补、利益共享、风险共担的科技服务协同机制。

一、 完善科技创新服务体系中创新主体的联动机制

（一）合理界定各类创新主体的角色及职能范围

通过加快政府职能转变，对政府职责进行规范，更好地推动政府为各类创新主体服务，据此实现对科技创新服务体系的逐步完善。尽快制定相关法律法规，充分考虑市场领域和相关企业，强调对效益的追求，实现对周期的有效缩短，并构建具有较高水平的基地，为科技创新服务提供助力，并构建相关责任清单，以明确清晰的政策法规，对各部门的具体权责进行规定，从法律层面上对各项管理

制度进行完善。

（二）促进创新主体间的沟通交流和资源流动共享

充分认识存在于科技创新服务体系中的各类供需关系，促进创新主体间的沟通交流和资源流动共享，减少信息不对称。充分利用现代网络技术和公共网络基础等手段，加快信息化建设，据此对各类资源进行科学配置和合理优化。

（三）探索创新主体间相应的激励与考核机制

建立科技创新服务体系的运行、管理、监督和评价机制，依托制度对管理进行规范和完善。加强对科技成果评价鉴定机构及科技成果转移转化推广机构的引导，增强管理规范，提高服务效率。积极探索创新主体间相应的激励与考核机制，为创新主体提供发展动力。通过有效的激励与考核机制，促进创新主体的开拓进取精神，并引导创新主体及时发现和深刻认识自身存在的不足，自觉主动改进和创新。

（四）构建珠三角科技服务资源共建共享模式

一是对共享意识进行强化，拓宽宣传渠道，对珠三角资源共建以及资源共享具备的优势进行宣传，以形成良好的社会风气，从整体上加强社会对科技资源共享的普遍认识。依托网络平台和各类媒体加强宣传，促进科技政策在全社会的普及，引导社会成员对科技服务创新体系实际建设状况的了解，提供资源使用机会和科技创新参与机会。

二是利用珠三角区位优势，拓宽国际视野，广泛学习和充分借鉴发达国家的前沿技术与先进经验，大力推进并主动参与国际科技创新合作，通过合作实践促进对联动机制的优化完善。

二、 加强科技服务业细分业态间的互动

（一）建设科技创新公共服务平台

一是打造公共服务平台。以政府为主导打造产学研融合发展创新平台，整合多方资源加快推进科研成果"走出去"，加大与企业对接，建立新型的产学研创新体系，做到资源共享、优势互补，从而实现良性互动。规划建设一批珠三角城市群企业创新发展急需的科技创新公共服务平台，例如综合性服务平台和各种专业化、个性化、灵活高效的知识传播、技术推广、资本融通服务平台。促进企业之间、企业与高校和科研机构之间的开放合作及资源共享，加快创新资源高效流动。

二是推动科技服务产业集聚发展。依托珠三角城市群现有战略性新兴产业集群，面向科技创新和产业发展需求，优化创新资源和产业结构，打造创新能力强劲、科技服务支撑显著、特色鲜明和影响力强的科技服务业集群，形成互动频繁、联系紧密、运作高效的科技服务生态系统，实现创新型产业集群与科技服务业产业集群相互促进、融合发展。

（二）建设密集化科技服务网络

一是大力发展科技服务机构。鼓励社会力量投资兴办各类科技服务机构，吸引国内外知名科技服务企业来珠三角设立分支机构。重点发展研发设计、知识产权、检验检测、科技成果转化、创业孵化、科技金融、科技咨询、科技服务外包等服务机构，培育发展新型研发机构，壮大科技服务机构规模。

二是打造科技服务示范机构。支持行业组织开展科技服务新模式、新业态评优活动，遴选具有优势的骨干科技服务机构，树立服务标杆。鼓励创建国家级研究开发机构、技术转移机构、创业孵化机构以及认证、检测、标准化评审等机构，加大扶持力度，创新服务模式，发挥示范和带动作用。

三是培育科技服务新兴业态。重点引导知识产权服务、技术成果价值评估、技术产权交易、科技企业孵化器等科技创新服务模式，重点培育新型研发服务，

深化科技向文化、旅游、金融等产业的渗透，不断催生科技服务新兴业态。大力发展科技服务外包，鼓励政府和企事业单位将研发及信息技术业务外包，鼓励有实力的企业将科技服务业务与制造业分离，培育一批具有国际竞争力的科技服务外包企业。

四是构建全流程科技服务链条。鼓励"研发＋检测"复合发展、"技术转移＋知识产权"融合发展、"投资＋孵化"增值发展等多元业态耦合发展，推动科技服务业融通发展，打造科技服务机构、人才、企业共同体。以加快技术转移和企业成长为目标，构建以需求为导向的研究开发、中试孵化、知识产权、技术交易、技术咨询的全流程技术转移服务体系；以创新创业大赛平台、创业服务中心、科技企业孵化器等构建企业成长培育体系，建立创业投资和股权投资、间接融资和直接融资有机结合的多元化、多层次、多渠道的科技投融资体系。依托人工智能、大数据、云计算等现代信息技术，最大限度实现信息和资源共享，以综合性科技服务带动和整合各项专业性的科技服务。

五是引进培养高端服务人才。完善科技服务招才引智机制，将科技服务人才引进纳入珠三角高层次人才引进计划，吸引和集聚一批高层次科技服务团队和领军人才来珠三角创新创业。探索构建科技服务业人才培训和执业认证体系，推进科技咨询师、专利分析师、技术转移专员、技术经理人等培训工作。鼓励企业根据生产经营需要，设立技术转移工作部门或者技术转移专员，负责收集、识别企业技术成果，分析企业技术能力和技术需求，研究技术成果运用和保护策略。实施正规教育与职业培训相结合的人才培养机制，培养符合科技服务需要的高端服务人才，建立科技服务人才资源库。

三、　推动科技服务业与重点产业的耦合

（一）构建促进科技服务业与重点产业耦合发展的体制机制

围绕珠三角城市群战略性新兴产业的重点发展项目，以科学技术作为产业转型的重要支撑，建立科技服务业与重点产业一体化办事协调管理机构。加强对科技服务业与重点产业的组织领导，建立起长期有效的工作机制。对于电子信息、生

物医药、先进装备制造等新兴产业开展的重点项目，开辟重点产业绿色通道，实施统一受理、快速转办制度，加快工作审批速度，缩短办理时间。在建立符合产业升级规律的运行机制基础上，优化科技服务业与珠三角城市群重点产业的科学发展规划及战略。优先满足重点产业所需的科技资源，对处于重点产业中的科技资源优先进行合理配置，努力创建科技创新资源在重点产业中自由流动的体制机制环境。

（二）深化科技服务业与重点产业之间的分工合作

一是细化产业链内部分工范围及工作程度。注重产业各要素之间的关联效应，确保产业间协同发展的长期性与持续性。例如，对于新兴产业中的生物医药产业，要充分合理利用科技创新资源，重视药品科技检测质量，提高药品检测严谨性，提升药品安全保障能力水平；加强生物医药的核心技术突破，形成生物医药产业和科技服务业的多元化投入与多样化合作经营的发展格局。

二是合理分配重点产业链上各环节的工作任务。优化各科技创新要素的投入比例，提升创新要素的配置方式。以新一代信息技术产业为例，科技服务业业态中的研发机构要专注于信息产品的研发设计工作，检测认证机构要负责检测产品可靠性，通过合理分工把科技服务机构及其资源用于重点产业链上各阶段。科技服务业和新兴产业间进行分工与合作，充分发挥科技创新要素的综合效应和科技服务业的基本功能。

三是促进科技成果转化。加快科技企业和重点产业的技术创新过程，不断探索科技成果转化新模式，提升成果转化能力。要加强科技中介服务机构与重点企业之间的良性互动，推动科技成果与技术、资本、市场需求有效对接。依托科技服务机构提供有效的技术和研发支持，将科技成果转化为先进生产力，增加其知识溢出效应。

（三）促进科技服务业与重点产业结成产业联盟

着力推动对科技创新有着强烈需求和带动力的重点产业与科技服务业进行联盟，形成产业链与价值链的联动共进发展。发挥政府在产业联盟中的协调引导作用，深入发展产业联盟园区。建立科技服务业与重点产业对接机制，将科技服务业中的科技创新要素融入重点产业链中，加快重点产业升级转型，提高重点产业的核心竞争力，引导科技服务业在产业联盟过程中提升自身科技水平和服务层次。

四、 构建科技服务业发展环境支撑体系

（一）完善制度和政策环境支撑

一是建立健全法律法规。加强科技服务业政策顶层设计，健全科技立法，营造有利于科技服务业的法律环境。例如，出台应用研究合同、不公正合同条款、竞争法、技术转移等方面的规范条例，以及规范科技服务业发展的法律，促使各科技创新参与主体明晰法律权责利。

二是加大财税政策扶持。扩大科技服务企业技术创新扶持资金规模，设立资金补助计划，发挥财政资金对扶持科技服务企业的放大作用，引导社会资本对科技服务企业协同创新活动的支持，提高企业协同创新的积极性。

（二）完善科技金融服务支撑

一是拓宽多元化融资渠道。针对科技型中小企业轻资产的特点，进一步加大财政资金的投入力度，充分发挥财政资金的杠杆效应和财政资金在信用增进、风险分散、降低成本等方面的积极作用。大力发展社会化融资，通过贷款贴息和担保费补贴等方式进一步降低信贷成本，继续保持科技信贷数量和质量增长；支持科技企业利用债券市场通过集合债券、票据等融资；加强拟上市企业后备队伍建设，鼓励科技企业上市和再融资，发挥全国中小企业股份转让系统等场外交易市场的作用。

二是打造科技金融综合服务平台。以企业融资需求为导向，持续不断地吸引国内外的知名金融或准金融服务机构入驻，开展企业培育、上市辅导、项目对接、专业培训等增值服务，为珠三角科技企业提供全方位、专业化、定制化的投融资解决方案。同时，立足于区域性综合服务平台，扩大在全省的辐射带动作用，努力打造全国性科技金融综合服务示范平台。

三是创新科技与金融深度融合的体制机制。创新科技与金融深度融合的工作

思路，在科技金融融合机制、模式和方法上先行先试，把珠三角地区打造成为国家级科技金融深度融合示范区。建立珠三角城市群科技金融服务工作协调机制，加强相关科技政策、财税政策以及金融政策等的协调，形成推动科技金融发展的政策合力。强化市场在科技金融服务中的作用，鼓励国有创业投资机构参与市场竞争，探索建立财政资金有序退出机制。

（三）完善科技创新环境支撑

一是引进整合高端科技创新资源。着眼珠三角城市群核心技术创新能力提升、传统产业转型升级、战略性新兴产业发展的需求，坚持开放创新，以国际化视野推进高端科技创新资源引进集聚。

二是进一步深化"政产学研金中"合作。建立"政产学研金中"合作平台，充分发挥科技创新中政府的政策支持作用，科研院所的科技支撑作用，银行金融资本的资金支撑作用，以及科技中介机构的牵线搭桥作用。以科技、资本和市场为纽带，建立"政产学研金中"互惠互利的密切合作关系，加速科技成果的产业化进程。

三是加强科技交易市场环境监管。深化商事制度改革，加强对科技服务机构及高新技术企业的管理和服务，打造一个竞争与合作并存、利益与风险共处的积极向上的市场环境，提升创新主体的创新积极性。加强科技创新服务市场监管力度，制定完善并严格实施科技服务标准化规范，推进服务机构信誉评价和品牌建设，培育和打造高水平科技创新服务机构。

本章小结

本章聚焦促进珠三角城市群科技服务业协同创新目标，从完善科技创新服务体系中创新主体的联动机制、加强科技服务业细分业态间的互动、推动科技服务业与重点产业的耦合、构建科技服务业发展环境支撑体系四大方面出发提出若干具有针对性的对策建议，以期为珠三角城市群科技服务业高质量协同创新发展提供有益参考。

参考文献

［1］王宏起，李佳，李玥. 基于平台的科技资源共享服务范式演进机理研究［J］. 中国软科学，2019（11）.

［2］贺正楚，潘红玉，吴艳. 新一代信息技术产业的公共服务平台构建及服务功能分析［J］. 中国科技论坛，2015（5）.

［3］张亚明，刘海鸥，朱秀秀. 电子信息制造业产业链演化与创新研究：基于耗散理论与协同学视角［J］. 中国科技论坛，2009（12）.

［4］李健，杨丹丹，高杨. 面向区域自主创新的科技资源配置模式研究［J］. 科学管理研究，2013（6）.

［5］王吉发，敖海燕，陈航. 基于创新链的科技服务业链式结构及价值实现机理研究［J］. 科技进步与对策，2015（15）.

［6］刘雪斌，田金明. 发达国家民营科技企业创新服务体系的比较分析及其启示［J］. 求实，2006（8）.

［7］胡乐明. 产业链与创新链融合发展的意义与路径［J］. 人民论坛，2020（31）.

［8］王彦雨. 珠三角一体化语境下的科技资源整合路径研究［J］. 科技管理研究，2013（11）.

［9］郑祥龙，梅姝娥. 基于价值网的科技服务平台商业模式研究［J］. 科技管理研究，2015（5）.

［10］钟无涯. 科技创新平台主体异质性与运营差异比较［J］. 科技管理研究，2015（14）.

[11] 周凯歌，庄宁．"双循环"战略下先进制造业发展态势及促进策略 [J]．中国工业和信息化，2020（11）．

[12] 任志宽．推动产业链与创新链深度融合 [J]．支部建设，2020（23）．

[13] 席凯伦．广东省培育先进制造业集群的路径与政策研究 [J]．电子产品可靠性与环境试验，2019（5）．

[14] 张媛媛．科技服务业的集聚特征与影响因素研究：以珠三角为例 [J]．科技与经济，2017（5）．

[15] 赵云峰，许爱萍．京津冀先进制造业的协同发展路径研究 [J]．天津大学学报（社会科学版），2017（1）．

[16] 李成，王火红，董文鸳，等．区域科技服务资源共享机制探究 [J]．实验室研究与探索，2016（8）．

[17] 卢金贵，曾祥效，陈为民，等．广东科技服务业发展战略研究 [J]．广东科技，2015（22）．

[18] 蔺雷，吴家喜，王萍．科技中介服务链与创新链的共生耦合：理论内涵与政策启示 [J]．技术经济，2014（6）．

[19] 袁东明，马骏，王怀宇．着力解决我国创新链中的重大瓶颈问题 [J]．中国发展观察，2014（6）．

[20] 吴贵生，林敏．打通创新链的模式研究 [J]．工业技术创新，2014（1）．

[21] 刘小琳．加强资源共建共享，开创科技情报工作新局面 [J]．广东科技，2011（21）．

[22] 朱瑞博．"十二五"时期上海高技术产业发展：创新链与产业链融合战略研究 [J]．上海经济研究，2010（7）．

[23] 顾晓敏．突破政策瓶颈 形成"创新链环"[J]．上海人大月刊，2009（8）．

[24] 冯华．科技服务业促进创新创业的国际经验与启示 [J]．科技中国，2021（5）．

[25] 王颖，金明浩．科技创新服务体系发展现状及对策研究：以湖北省为例 [J]．生产力研究，2017（4）．

[26] 曹严，林晓晨，李晓琦．科技创新服务体系中创新主体的联动机制建设研

究 [J]. 科技广场, 2020 (4).

[27] 王健, 沈亮. 协同创新理论视角下的科技信息服务体系的构建研究 [J]. 科技资讯, 2018 (33).

[28] 何键. 科技服务业价值网络的协同演化及其价值创造 [J]. 商业经济, 2016 (2).

[29] 王佩, 黄建, 王华清. 建设重庆综合科技服务平台的驱动运营模式与经验借鉴研究 [J]. 科学咨询 (科技·管理), 2020 (1).

[30] 张佳琛, 荀妍妍. 科技服务系统运营模式创新研究: 哈长城市群综合科技服务平台 [J]. 商业经济, 2021 (4).

[31] 吴接群. 科技创新服务平台运营管理模式的研究 [J]. 科技经济导刊, 2018 (24).

[32] 唐强, 邹建伟. 美国科技服务机构运营模式研究 [J]. 科技与创新, 2020 (18).

[33] 吴海博, 李俊, 智江, 等. 京津冀综合科技服务平台的建设与思考 [J]. 数据与计算发展前沿, 2020 (5).

[34] 吴琼. 面向高端装备制造领域的科技服务协同应用平台的构建研究 [J]. 科学技术创新, 2020 (6).

[35] 秦叶, 张楚, 邓修权. 面向先进制造业的科技服务平台发展成效评价指标研究 [J]. 信息通信技术与政策, 2021 (5).

[36] 张奥, 向闯. 综合科技服务平台服务水平影响因素研究 [J]. 现代商贸工业, 2020 (19).

[37] 金剑峰, 温力健. 广东产业升级研究: 基于科技服务业的视角 [J]. 当代经济, 2014 (4).

[38] 丘晴, 丘海雄. 广东省科技服务平台的发展现状与对策研究 [J]. 广东科技, 2015 (13).

[39] 侯红明, 庞弘燊, 覃筱楚, 等. 广州生物医药领域科技创新服务平台发展策略若干建议: 广州市生物医药领域科技创新服务平台情况调查与分析 [J]. 科技促进发展, 2017 (Z1).

［40］郭婧，程广明，许磊. 探索珠三角城市群科技服务业与制造业的深度融合发展 ［J］. 广东经济，2020 （4）.

［41］陈立枢. 科技服务业与战略性新兴产业融合发展研究 ［J］. 改革与战略，2014 （10）.

［42］周岷峰，李扬. 促进电子信息领域服务型制造发展 ［J］. 高科技与产业化，2017 （10）.

［43］谢伟胜，黄子娟，阮远华. 大数据产业孵化育成体系的建设 ［J］. 科技创新发展战略研究，2019 （5）.

［44］刘佐菁，吴其会. 广东省电子信息科技服务业发展研究 ［J］. 广东科技，2013 （18）.

［45］冯时. 基于需求的京津冀装备制造业科技服务平台发展模式研究 ［J］. 机电产品开发与创新，2021 （4）.

［46］沈小平，尹华杰，朱黎冰. 适应重点产业发展需求的科技服务业产业生态：以珠江三角洲为例 ［J］. 发展研究，2011 （8）.

［47］张金水，李志清，廖志坚. 广东科技服务业发展状况研究 ［J］. 广东科技，2009 （23）.

［48］周慊，陈敏，吴幸雷. 广东科技服务业发展现状、问题与对策 ［J］. 科技创新发展战略研究，2021 （3）.

［49］张飞，朱平，罗艳，等. 我国科技企业孵化器标准化现状研究 ［J］. 中国标准化，2019 （11）.

［50］郭澄澄. 全球价值链视角下我国制造业与生产性服务业协同机制及实证研究 ［D］. 上海：上海社会科学院，2019.

［51］马丽. 天津市科技服务业创新机制及发展模式研究 ［D］. 天津：天津科技大学，2019.

［52］邱荣华. 新科技革命背景下科技服务业发展的创新研究：基于复杂系统理论的视角 ［D］. 广州：华南理工大学，2015.

［53］张寒旭，邓媚. 科技服务业发展趋势及广东省的战略抉择 ［M］. 北京：电子工业出版社，2018.

［54］广东省生产力促进中心. 粤港澳大湾区科技服务业创新发展研究［M］. 北京：经济科学出版社，2021.

［55］顾乃华. 科技服务业发展模式研究［M］. 广州：暨南大学出版社，2019.

［56］宋佶武，张远娜. 产业链创新链协同发展 培育经济增长新动能［N］. 威海日报，2020 - 09 - 17.